工业和信息化精品系列教材

Vue.js
前端开发实战教程

慕课版

谭鹤毅 刘刚 ◉ 主编
杨霞 张婷婷 毛玲 陈远波 ◉ 副主编

VUE.JS WEB FRONT-END DEVELOPMENT

人民邮电出版社
北京

图书在版编目（CIP）数据

Vue.js前端开发实战教程 ：慕课版 / 谭鹤毅，刘刚
主编. -- 北京 ：人民邮电出版社，2023.3
工业和信息化精品系列教材
ISBN 978-7-115-59331-3

Ⅰ. ①V… Ⅱ. ①谭… ②刘… Ⅲ. ①网页制作工具－程序设计－高等学校－教材 Ⅳ. ①TP392.092.2

中国版本图书馆CIP数据核字(2022)第089593号

内 容 提 要

本书主要讲解 Vue.js 前端开发的基础知识和实战应用。本书共 5 篇，第 1 篇为 Vue.js 基础，包括初识 Vue.js、Vue.js 基础、Vue.js 模板语法、Vue.js 表单输入绑定、Vue.js 计算属性与侦听器、动态绑定 class 与 style 和 Vue.js 事件处理；第 2 篇为 Vue.js 深入与提高，包括深入了解组件、过渡动画效果和可复用性与组合；第 3 篇为 Vue-Router 管理路由跳转，包括路由基础与使用和路由进阶与提升；第 4 篇为 Vuex 状态管理，主要讲解 Vuex 概念与使用；第 5 篇为 Element UI 框架，主要讲解 Element UI 框架实战。本书知识讲解由浅入深，简单易懂。书中提供丰富的实例，可帮助读者边学边练，快速掌握 Vue.js 前端开发的有关内容。

本书可作为应用型本科计算机专业和软件专业、高职软件专业及其他相关专业的教材，也可作为 Vue.js 爱好者的参考用书。

◆ 主　　编　谭鹤毅　刘　刚
副 主 编　杨　霞　张婷婷　毛　玲　陈远波
责任编辑　桑　珊
责任印制　王　郁　焦志炜

◆ 人民邮电出版社出版发行　　北京市丰台区成寿寺路 11 号
邮编　100164　　电子邮件　315@ptpress.com.cn
网址　https://www.ptpress.com.cn
固安县铭成印刷有限公司印刷

◆ 开本：787×1092　1/16
印张：16.25　　2023 年 3 月第 1 版
字数：413 千字　　2023 年 3 月河北第 1 次印刷

定价：69.80 元

读者服务热线：(010)81055256　印装质量热线：(010)81055316
反盗版热线：(010)81055315
广告经营许可证：京东市监广登字 20170147 号

前言

PREFACE

为什么要学习 Vue.js

Vue.js 是一套构建用户界面的渐进式框架。与其他重量级框架不同的是，Vue.js 采用自底向上增量开发的设计。Vue.js 的核心库只关注视图层，并且非常容易学习，非常容易与其他库或已有项目整合。另外，Vue.js 完全有能力驱动采用单文件组件和 Vue.js 生态系统支持的库开发的复杂单页应用。目前，我国部分职业院校的计算机类专业将“Vue.js”作为一门专业课程。为了帮助职业院校的教师全面、系统地讲授这门课程，使读者能够掌握 Vue.js 框架，我们编写了本书。

使用本书，学会 Vue.js 前端开发

Step 1 知识 + 案例 + 执行效果：使读者快速理解 Vue.js 基础知识。

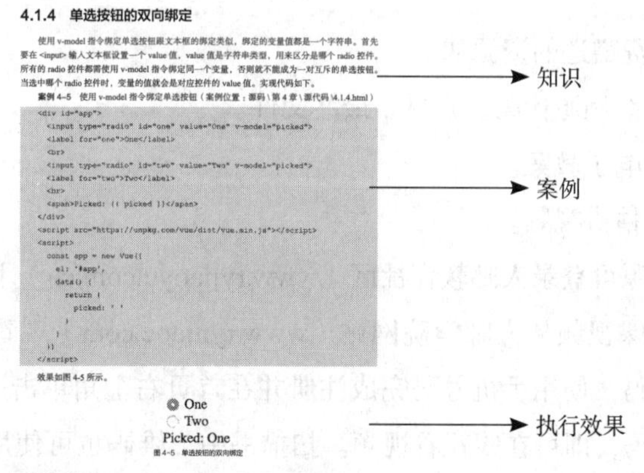

4.1.4 单选按钮的双向绑定

使用 v-model 指令绑定单选按钮跟文本框的绑定类似，绑定的变量值都是一个字符串。首先要在 <input> 输入文本框设置一个 value 值，value 值是字符串类型，用来区分是哪个 radio 控件。所有的 radio 控件都需使用 v-model 指令绑定同一个变量，否则就不能成为一对互斥的单选按钮。当选中哪个 radio 控件时，变量的值就会是对应控件的 value 值。实现代码如下。

案例 4-5 使用 v-model 指令绑定单选按钮（案例位置：源码 \ 第 4 章 \ 源代码 \4.1.4.html）

```
<div id="app">
  <input type="radio" id="one" value="One" v-model="picked">
  <label for="one">One</label>
  <br>
  <input type="radio" id="two" value="Two" v-model="picked">
  <label for="two">Two</label>
  <br>
  <span>Picked: {{ picked }}</span>
</div>
<script src="https://unpkg.com/vue/dist/vue.min.js"></script>
<script>
  const app = new Vue({
    el: '#app',
    data() {
      return {
        picked: ''
      }
    }
  })
</script>
```

效果如图 4-5 所示。

One
Two
Picked: One

图 4-5 单选按钮的双向绑定

Step 2 小试牛刀：本章知识小案例训练。

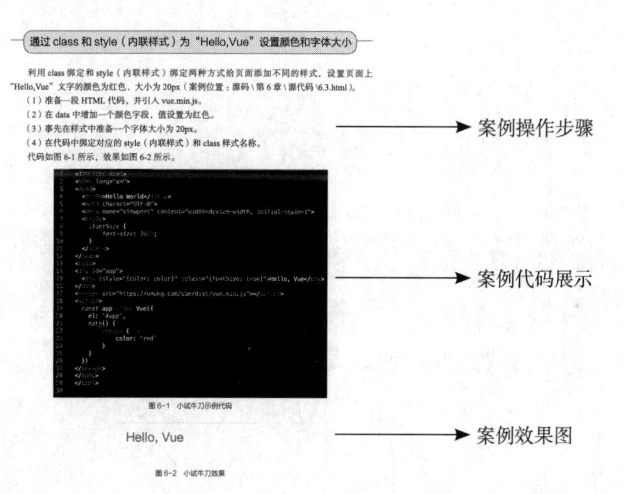

6.3 小试牛刀

通过 class 和 style（内联样式）为“Hello,Vue”设置颜色和字体大小

利用 class 绑定和 style（内联样式）绑定两种方式给页面添加不同的样式，设置页面上“Hello,Vue”文字的颜色为红色、大小为 20px（案例位置：源码 \ 第 6 章 \ 源代码 \6.3.html）。

（1）准备一段 HTML 代码，并引入 vue.min.js。

（2）在 data 中增加一个颜色字段，值设置为红色。

（3）事先在样式中准备一个字体大小为 20px。

（4）在代码中绑定对应的 style（内联样式）和 class 样式名称。

代码如图 6-1 所示，效果如图 6-2 所示。

图 6-1 小试牛刀示例代码

Hello, Vue

图 6-2 小试牛刀效果

Step 3 动手实践：本章知识大项目训练。

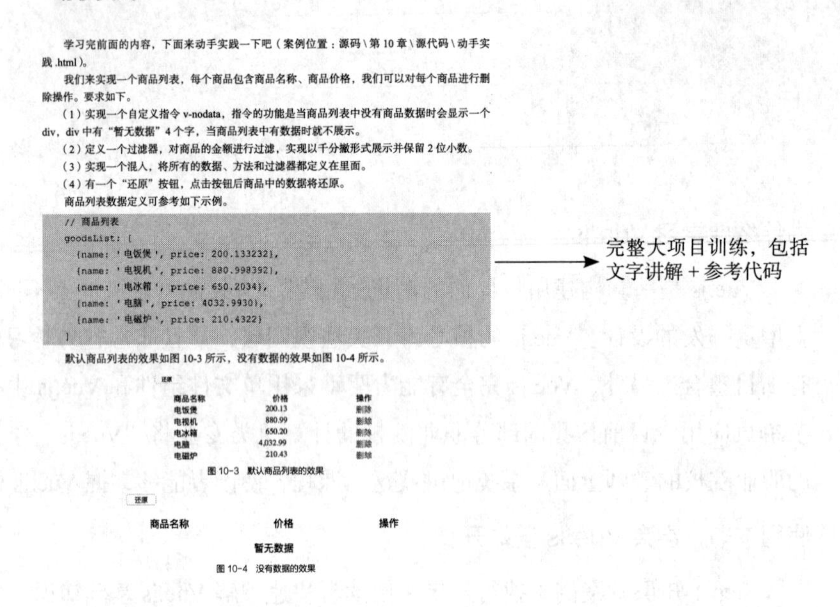

动手实践

学习完前面的内容，下面来动手实践一下吧（案例位置：源码\第 10 章\源代码\动手实践 .html）。

我们来实现一个商品列表，每个商品包含商品名称、商品价格，我们可以对每个商品进行删除操作。要求如下。

（1）实现一个自定义指令 v-nodata，指令的功能是当商品列表中没有商品数据时会显示一个 div，div 中有“暂无数据”4 个字，当商品列表中有数据时就不展示。

（2）定义一个过滤器，对商品的金额进行过滤，实现以千分撇形式展示并保留 2 位小数。

（3）实现一个混入，将所有的数据、方法和过滤器都定义在里面。

（4）有一个“还原”按钮，点击按钮后商品中的数据将还原。

商品列表数据定义可参考如下示例。

```
// 商品列表
goodsList: [
  {name: '电饭煲', price: 200.133232},
  {name: '电视机', price: 880.998392},
  {name: '电冰箱', price: 650.2034},
  {name: '电脑', price: 4032.9930},
  {name: '电磁炉', price: 210.4322}
]
```

默认商品列表的效果如图 10-3 所示，没有数据的效果如图 10-4 所示。

还原

商品名称	价格	操作
电饭煲	200.13	删除
电视机	880.99	删除
电冰箱	650.20	删除
电脑	4,032.99	删除
电磁炉	210.43	删除

图 10-3 默认商品列表的效果

还原

商品名称	价格	操作

暂无数据

图 10-4 没有数据的效果

平台支撑

平台免费赠送的资源如下。

□ 全部案例源代码、素材、最终文件。

□ 全书电子教案。

□ 高清精讲视频。

附赠资源可登录人邮教育社区（www.ryjiaoyu.com.cn）下载使用。

全书慕课视频从人邮学院网站（www.rymooc.com）观看。读者可登录人邮学院网站或扫描封底的二维码，使用手机号码完成注册并在首页右上角单击“学习卡”选项，输入本书封底刮刮卡中的激活码，即可在线观看视频。扫描书中二维码也可使用手机观看视频。

由于编者水平有限，书中难免存在不妥之处，敬请广大读者批评指正。

编 者

2022 年 9 月

目录

CONTENTS

目录

CONTENTS

目录

CONTENTS

目录

CONTENTS

第3篇 Vue-Router 管理路由跳转

第11章 路由基础与使用 / 147

第12章 路由进阶与提升 / 171

目录

CONTENTS

第4篇 Vuex状态管理

第13章 Vuex概念与使用 / 193

第5篇 Element UI框架

第14章 Element UI框架实战 / 223

第1篇 Vue.js基础

第1章　初识Vue.js

学习目标

- 了解Vue.js出现的背景及概念
- 熟悉Vue.js和其他框架的相同点和不同点
- 掌握Vue.js的安装和使用方法

框架（Framework）是整个或部分系统的可重用设计，它对底层的代码进行高度的封装，整合重复的部分，同时带有自己的规范和属性，能够满足绝大部分场景的使用要求。在前、后端的开发过程中都有框架的存在，借助框架我们可将一些常用的组件或方法进行封装，方便我们开发。

前端开发是一个比较广的概念，包括 App 端的前端开发和 Web 前端开发，而 App 端的前端开发主要分为 Android 和 iOS 两个方向的前端开发。通常我们所说的前端开发都是指 Web 前端开发。

Web 前端开发工程师是从事 Web 前端开发工作的工程师，主要进行网站开发、优化、完善的工作。传统的网页制作是“Web 1.0 时代”的产物，那时网站的主要内容都是静态的，用户使用网站以浏览为主。无论是在开发难度上，还是在开发方式上，现在的网页制作都更接近传统的网站后台开发，所以现在不再叫网页制作，而是叫 Web 前端开发。

Web 前端开发在产品开发环节中的作用变得越来越重要。前端开发的语言主要是 JavaScript（简称 JS），依靠 JavaScript 我们就能编写出浏览器能解析的程序，让用户与浏览器进行互动。几乎所有的框架都是用 JavaScript 代码做的封装，所以前端开发人员必须掌握 JavaScript。

前端开发人员通常会借助框架来提高开发的效率，减小开发的难度。在几年前，JQuery 是一款非常优秀的前端框架，它对 JavaScript 代码进行了封装，并增加了对不同浏览器的兼容性处理。借助这个框架，我们能迅速开发出一个交互和视觉效果不错的网站。

但是随着 Web 前端开发技术的不断发展，传统的 JQuery 框架已经不能满足现今网页的交互需求，开发者需要更为高效、更为简单、更方便维护的开发技术。

图 1-1　Vue.js 框架

Vue.js 是新手较容易入门的框架之一，如图 1-1 所示，它的中文文档也便于大家阅读和学习。

Vue.js 风靡全球，全球各地的开发者都积极参与 Vue.js 开源项目的使用和维护。Vue.js 在 GitHub（开源及私有软件项目的托管平台）的点赞数已突破“10 万大关”，如图 1-2 所示。参与 Vue.js 开源项目的人更是数不胜数，很多国内外互联网“大牛”都在使用 Vue.js 进行新项目的开发和旧项目的前端重构，共同为 Vue.js 的发展做贡献，其“火爆”程度可见一斑，如图 1-3 所示。本章将对 Vue.js 做简单介绍，包括对如何安装及使用 Vue.js 进行讲解。

Watch ▾ 5,850 | ★ Unstar 135,101 | Fork 19,180

图 1-2　Vue.js 在 GitHub 上的点赞数（数据截至 2021 年 3 月 10 日）

图 1-3　参与 Vue.js 开源项目的人（部分）

1.1 Vue.js 是什么

Vue.js 是一套用于构建用户界面（User Interface，UI）的渐进式框架。很多使用过 Vue.js 的程序员这样评价它：“Vue.js 在兼具 AngularJS 和 React 优点的同时，还剔除了它们的缺点。”基本上所有的页面都能够用 Vue.js 来搭建。我们生活中比较常见的互联网技术网站掘金网、娱乐动漫网站哔哩哔哩、点餐 App 饿了么等都是用 Vue.js 开发的，如图 1-4 和图 1-5 所示。

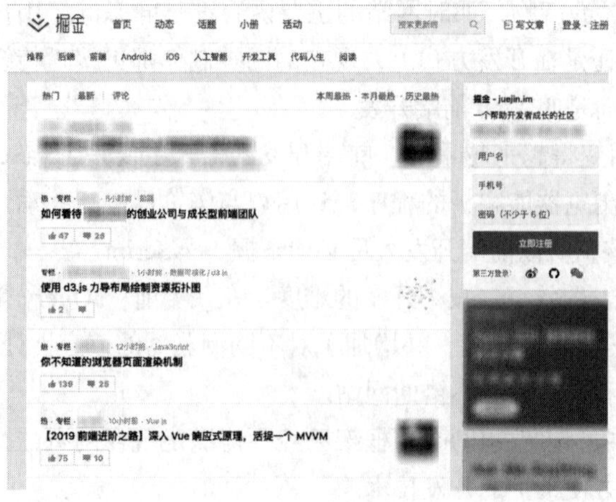

图 1-4　掘金网首页

图 1-5　饿了么 App 首页

1.1.1 Vue.js 的特性

Vue.js 采用最小成本、渐进增量（incrementally adoptable）的设计。Vue.js 的核心库只专注于视图层，并且很容易与其他第三方库或现有项目集成。另外，将单文件组件和 Vue.js 生态系统支持的库结合使用，Vue.js 也完全能够为复杂的单页面应用程序（Single Page Application，SPA）提供有力驱动。Vue.js 的主要特性如下。

（1）轻量级框架。轻量级框架是相对于重量级框架的一种设计模式，轻量级框架不带有侵略性应用程序接口（Application Programming Interface，API），对容器也没有依赖性，易于配置，易于通用，启动时间较短。这些是轻量级框架相对于重量级框架的优势。

（2）双向数据绑定。我们不需要关心文档对象模型（Document Object Model，DOM）是怎样更新数据的，数据的改变可直接反映到 DOM 结构里。例如，我们在实现一个表单提交的功能时，需要输入用户名、密码等信息进行注册或提交。以前的做法是在用户输入文本框中输入值后，先获取这个输入文本框的 DOM 节点，然后获取输入文本框中输入的内容，再将内容赋值给一个变量，最终将变量提交到后台。而在 Vue.js 中这一切都变得非常简单，只需要定义一个变量，并在输入文本框的节点中使用 v-model 绑定这个变量，当输入文本框中的值变化后，该变量的值会实时变化，不需要我们先获取 DOM 节点，直接将该变量的值提交到后台即可。这是 Vue.js 新增的特性，以往的框架里没有。

（3）带有特殊的指令。指令 (Directives) 带有 v- 前缀的特殊特征，当表达式的值改变时，指令会将其产生的连带影响响应式地作用于 DOM。

（4）插件化。Vue.js 目前只提供基本的页面开发的功能，如果想开发更为复杂的场景需要一些其他插件的辅助。好在 Vue.js 的生态圈比较庞大，有较多的插件可供选择，如路由、状态管理等。

（5）简单。Vue.js 学习使用难度不高，由中国人开发，中文文档很丰富，轻量化，性能好，可以利用虚拟 DOM 提高页面更新的速度。

1.1.2 MVVM 设计模式介绍

Vue.js 与传统的模型 - 视图 - 控制器（Model-View-Controller，MVC）设计模式不一样，它采用模型 - 视图 - 视图模型（Model-View- ViewModel，MVVM）的设计模式。

Model 代表数据模型，用户可以在 Model 中定义数据修改和操作的业务逻辑；View 代表 UI 组件，它负责将数据模型转化成 UI 进行展现；ViewModel 是一个同步 View 和 Model 的对象。由数据驱动视图，实现双向绑定，View 的变化会自动反映在 ViewModel 中。例如，在打开一个网站时，首先映入眼帘的是网站的外观，也就是网站的结构布局，这些内容就代表 View，如图 1-6 所示。当我们在网站上点击或输入内容时，需要与网站进行交互的逻辑通常被放在 ViewModel 里面；而网站上的数据请求等需要对数据库进行读取操作的部分通常被放在 Model 里面。它们彼此之间分工明确，相互独立。

图 1-6　网站首页结构布局示例

数据的双向绑定让我们不必再关心 DOM 层，而是把更多的精力放在数据层，通过数据驱动视图更新，这就是最近“异军突起”的 MVVM 设计模式。MVVM 设计模式的工作原理如图 1-7 所示。

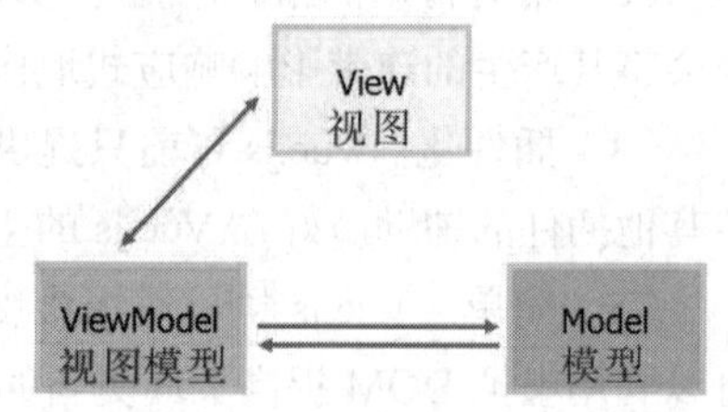

图 1-7　MVVM 设计模式的工作原理

1.1.3　Vue.js 的发展历程

Vue.js 的开发者是尤雨溪，一开始他是在谷歌公司工作的，那时候他们要做很多界面的原型，要求上手快速、运用灵活。他当时用的是一些已有框架，比如 Angular，但这类框架太“笨重”了。他个人更倾向于针对 Angular 的用例做更轻量化的实现，同时想做一些实验练手，便研究 Angular 到底是如何实现的。所以说，Vue.js 最早是一个单纯的实验项目。

Vue.js 诞生之后，也在不断地发展进步，它在轻量和功能的平衡上发生了变化。从一开始强调速度与简单上手，到后来注重用户代码的可维护性，避免用户“自己掉到自己写出来的陷阱里”。Vue.js 一直在不断地转化，其最终的目标是找到一个比较好的平衡点，维持简易上手的良好体验，同时尽可能地避免因一时的方便简易而影响长期的可维护性。

Vue.js 经历了从 1.0 版本到 3.0 版本的发展历史，从 1.0 版本到 2.0 版本是一个大的跨越，优化了很多的 API，进一步完善和提升了 Vue.js 的性能，对生命周期钩子函数和一些其他方法进行了改善。

总体来说，从 1.0 版本到 2.0 版本，Vue.js 性能方面提升了将近一倍，技术细节上也有了很大改动，整个渲染底层被完全换掉。2.0 版本一方面大幅度提升了性能，另一方面拓展了更多 Vue.js 的使用场景。

另外，2.0 版本在 API 上也做了更进一步的精简。2.0 版本删掉的 API 比新增的 API 要多。之前也介绍过，Vue.js 在轻量和功能之间不断寻求平衡，所以针对 1.0 版本里面的不少既可以用这个方式实现，又可以用那个方式实现的“鸡肋”功能，2.0 版本把这些功能多余的实现方式去除了。

如今，Vue CLI 3.0 也已经问世，这个版本加入了很多新的特性，例如直接加入了 TypeScript 并支持渐进式网页应用（Progressive Web App，PWA），调整了目录结构，修改了 ESLint、Babel、browserslist 相关配置等。

1.2 为什么要使用 Vue.js

以前，前端开发者开发 HTML 静态模板页面，是通过原生 JavaScript 语言操作 DOM 节点来实现页面元素的更新的。后来出现了 JQuery，让前端开发者在使用 JS 时更为方便，它把操作 DOM 节点的方法做了二次封装，让前端开发者在开发时不用再考虑浏览器的兼容问题，告别了一个功能多套代码的日子，同时它的 API 对前端开发者而言更加友好，操作也更加简单。

慕课视频

初识 Vue.js（二）

但是长期操作 DOM 节点是消耗性能的，后来出现了虚拟 DOM 树。前端开发者不用直接操作真实 DOM，而是使用虚拟 DOM 树，渲染的时候会有一套机制来对比更新前与更新后的内容。然后只需把更新后的内容在真实 DOM 上做修改即可，大大提高了性能与效率。

除此之外，Vue.js 还具有数据双向绑定、多指令、插件化等特性。总之，使用 Vue.js 能够提高前端开发的效率，同时能够实现前、后端分离，使前、后端不必混在一起，以便能各自专注于自身逻辑的开发。

1.3 Vue.js 的安装及使用

在了解了 Vue.js 的基本知识之后，相信大家都跃跃欲试了，那么 Vue.js 该如何使用呢？

本节将通过具体的操作步骤重点讲解 Vue.js 的安装及使用方法。Vue.js 有两种使用方法，一种是直接用 <script> 引入，另一种是通过 npm 安装。

1.3.1 直接用 <script> 引入

直接用 <script> 引入这种方式跟之前的 JQuery，包括一些 JS 插件的引入方法一样，可在线引入也可下载至本地引入。引入法如下。

```
<script src="https://cdn.jsdelivr.net/npm/vue/dist/vue.js"></script>
```

引入之后，Vue.js 便会被注册为一个全局变量，此时可直接使用 Vue.js 的相关语法。当然这种引入方法一般适用于多页面开发，跟 JQuery 的开发模式类似。

1.3.2 通过 npm 安装

通过 npm 安装这种方式的实际使用更为广泛，通常我们在做项目时采用单页面开发模式，单页面开发模式能够充分发挥前端页面在性能上的优化作用。在用 Vue.js 构建大型应用时，推荐通过 npm 安装。npm 能很好地和诸如 webpack 或 Browserify 等模块打包器配合使用。Vue.js 也能提供配套工具来开发单文件组件。

注意

多页面是指页面之间没有路由，打包后有多个 HTML 文件；单页面是指页面间通过路由来跳转，打包后只有一个 HTML 文件。

1. 安装 Vue.js

安装 Vue.js 需要打开命令提示符窗口。在 Windows 操作系统中，按 Win+R 组合键，打开运行对话框，输入“cmd”，如图 1-8 所示，按 Enter 键打开命令提示符窗口，在窗口中输入并执行下面的安装命令。

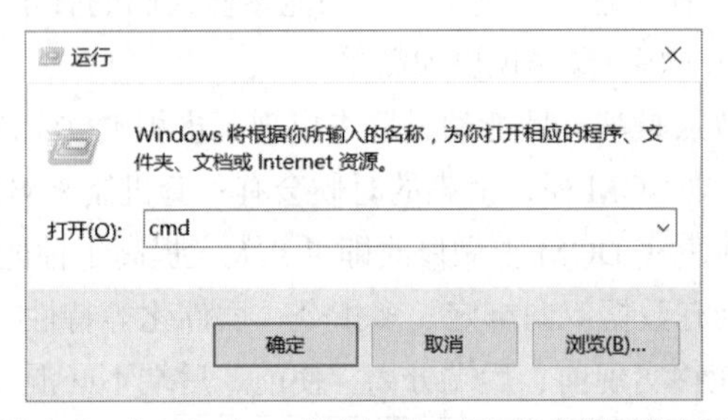

图 1-8　在 Windows 操作系统中打开命令提示符窗口

```
# 稳定版
npm install vue
```

在 macOS 中，用户可以直接打开终端，在控制台里执行安装命令，如图 1-9 所示。

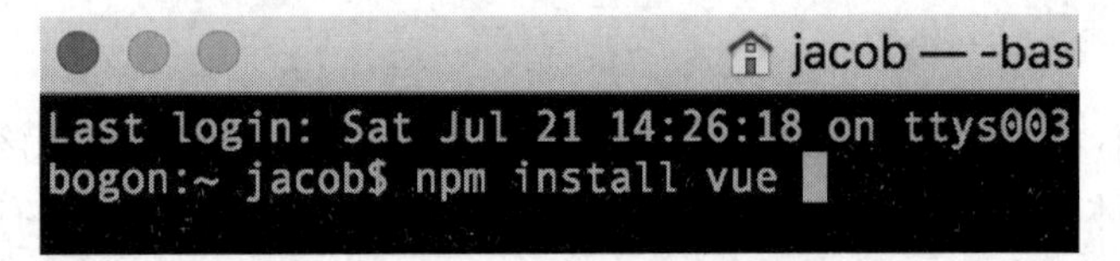

图 1-9　在 macOS 中执行安装命令

注意

如果用户在执行命令后被提示找不到 npm，还需要自行安装 Node.js，安装 Node.js 后就有了 npm。

2. 安装 Node.js

简单地说，Node.js 就是运行在服务端的 JavaScript 环境，是一个基于 Chrome V8 引擎的 JavaScript

运行环境。Node.js 使用了事件驱动、非阻塞式 I/O 模型，因而轻量又高效。Node.js 的包管理器 npm，是全球最大的开源库生态系统之一。

（1）下载 Node.js。打开 Node.js 官网，下载安装文件，这里以 node-v6.9.2-x64.msi 为例，如图 1-10 所示。

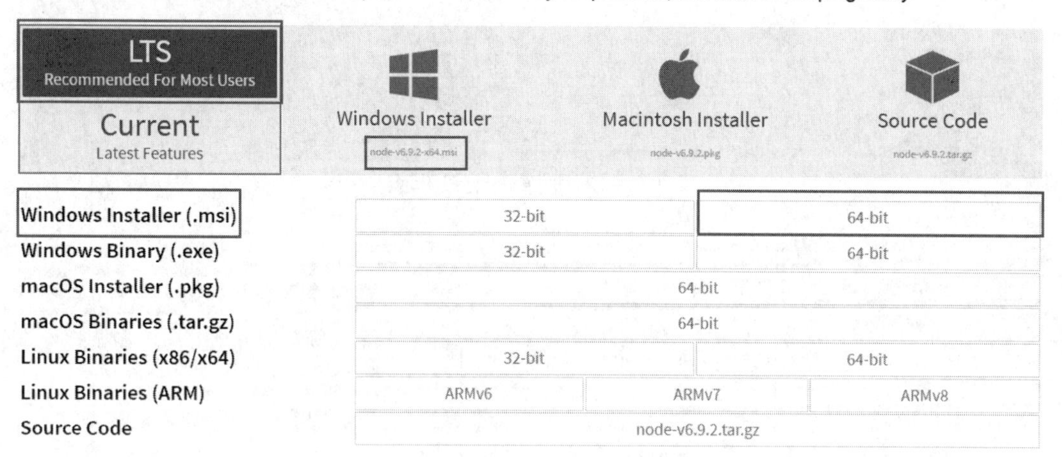

图 1-10　Node.js 下载页面

（2）开始安装。下载完成后，单击 node-v6.9.2-x64.msi 文件，进入 Node.js 安装界面，开始安装 Node.js，单击“Next”按钮，如图 1-11 所示。

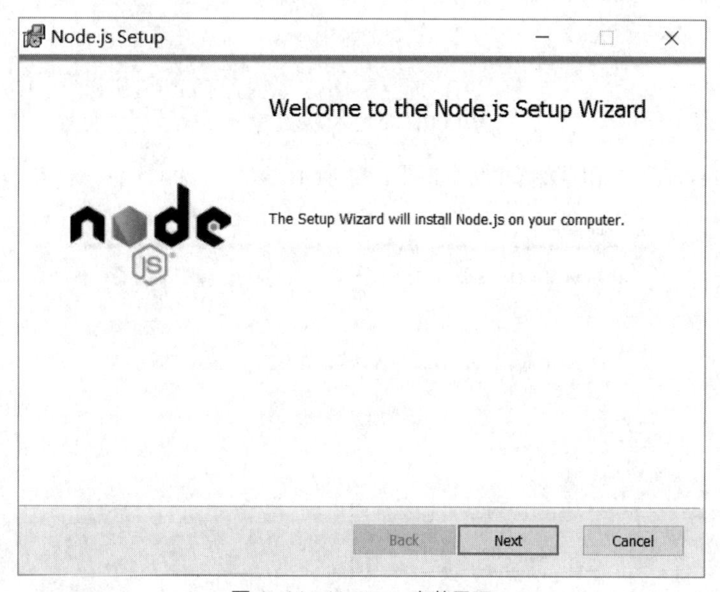

图 1-11　Node.js 安装界面

（3）选择好安装目录后，单击“Next”按钮，如图 1-12 所示。

（4）进入添加环境变量界面，选择 Add to PATH 后，单击“Next”按钮，如图 1-13 所示。

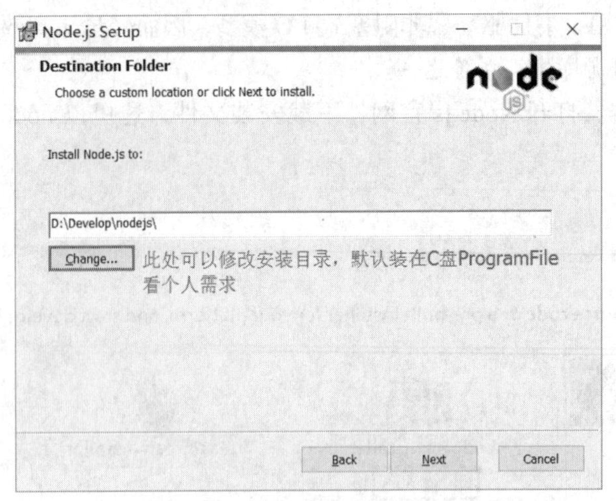

图 1-12　选择安装目录界面

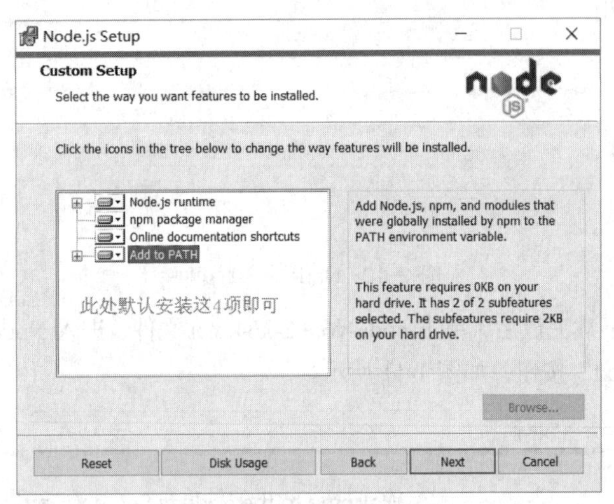

图 1-13　添加环境变量界面

（5）单击“Install”按钮开始安装，如图 1-14 所示。

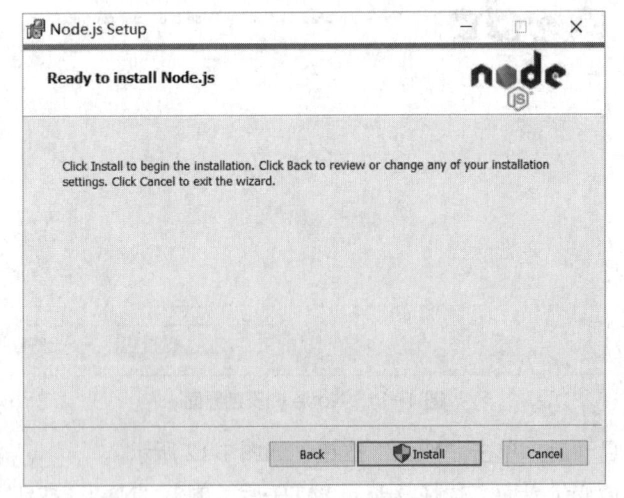

图 1-14　Node.js 开始安装界面

（6）单击“Finish”按钮完成安装，如图 1-15 所示。

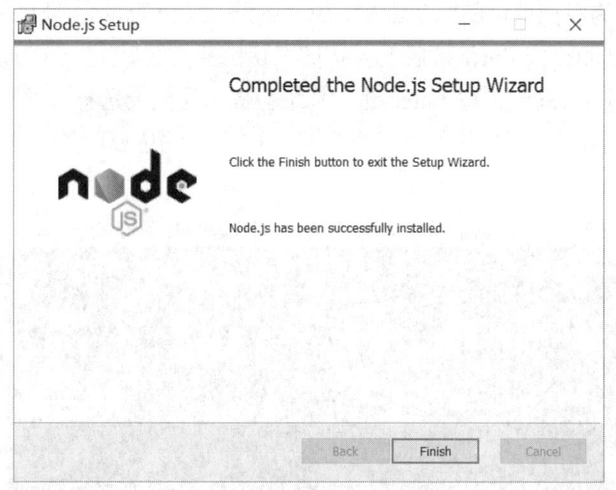

图 1-15　完成安装

3. 安装 Vue-CLI

Vue.js 提供了一个官方的命令行界面（Command-Line Interface，CLI），用于为单页面应用程序快速搭建“繁杂的脚手架”。搭建一个 Vue.js 的开发环境是一个复杂的过程，Vue.js 的研发团队为了降低开发者的使用难度，对 Vue.js 的环境进行了封装，我们只需要执行一条命令即可在几分钟的时间内将程序运行起来并使其带有热重载、保存时校验功能，再执行一条命令就可以将程序打包成生产环境可用的构建版本，大大节省开发者的时间。

以 Vue CLI 3.0.0-rc.3 为例，3.0 版本与之前的 2.0 版本相比在构建时有了较大的不同，所有的配置都以插件的形式展现，而且省去了 config 和 build 文件夹的复杂配置，使整个目录更为精简。

执行如下命令安装 Vue-CLI。

```
npm install -g @vue/cli
# 或者
yarn global add @vue/cli
```

4. 创建项目

（1）安装完 Vue-CLI 之后，我们执行 vue-V 命令，来看 Vue.js 是否升级到了 3.0.0-rc.3 版本，如果没有问题就执行 vue create 命令创建一个项目，运行效果如图 1-16 所示。

```
# 创建一个名为 vue3-test 的项目
vue create vue3-test
```

```
jacob — node /usr/local/bin/vue create vue3-test — 80×24
Vue CLI v3.0.0-rc.3

  Update available: 3.0.0-rc.5

? Please pick a preset: (Use arrow keys)
> default-config (vue-router, vuex, less, babel, typescript, pwa, unit-mocha, e2
e-cypress)
  exclusive e2e (vue-router, vuex, less, babel, typescript, pwa, unit-mocha)
  standard (vue-router, vuex, less, babel, typescript, pwa, unit-jest)
  default (babel, eslint)
  Manually select features
```

图 1-16　vue create 命令的运行效果

（2）图 1-16 中的前两个默认配置是之前保存的，正常来说，第一次创建时这是没有的。其中 default 是 Vue-CLI 为我们提供的默认配置，Manually select features 是自定义插件配置。

（3）如果选择 default，按 Enter 键后就会按照默认配置安装完成。这里演示一下自定义配置：选择 Manually select features 后，按 Enter 键，系统会提示我们要选择哪些插件，这里默认列举了一些常用插件，我们可以按上下方向键切换配置，按空格键选择配置，选择完之后按 Enter 键，如图 1-17 所示。

```
jacob — node /usr/local/bin/vue create vue3-test — 80×24
Vue CLI v3.0.0-rc.3

  Update available: 3.0.0-rc.5

? Please pick a preset: Manually select features
? Check the features needed for your project:
 ◉ Babel
 ◉ TypeScript
 ◉ Progressive Web App (PWA) Support
 ◉ Router
 ◉ Vuex
 ◉ CSS Pre-processors
 ◉ Linter / Formatter
❯◉ Unit Testing
 ◯ E2E Testing
```

图 1-17　选择插件效果

（4）系统会提示深入配置插件，包括是否要使用样式类语法、是否要安装 Typescript 自动兼容、要安装哪种 CSS 预处理器、是否要使用 ESLint 等代码检测工具等，最后会提醒是否要将整套配置保存下来，方便以后使用，如图 1-18 所示。

```
jacob — node /usr/local/bin/vue create vue3-test — 80×24
Vue CLI v3.0.0-rc.3

  Update available: 3.0.0-rc.5

? Please pick a preset: Manually select features
? Check the features needed for your project: Babel, TS, PWA, Router, Vuex, CSS
Pre-processors, Linter, Unit
? Use class-style component syntax? Yes
? Use Babel alongside TypeScript for auto-detected polyfills? Yes
? Pick a CSS pre-processor (PostCSS, Autoprefixer and CSS Modules are supported
by default): LESS
? Pick a linter / formatter config: TSLint
? Pick additional lint features: Lint on save
? Pick a unit testing solution: Jest
? Where do you prefer placing config for Babel, PostCSS, ESLint, etc.? In dedica
ted config files
? Save this as a preset for future projects? (y/N)
```

图 1-18　深入配置插件效果

（5）最后按 Enter 键安装配置。安装完之后，按照提示进入项目目录，执行 npm run serve 命令即可启动项目，如图 1-19 所示。

```
🚀  Invoking generators...
📦  Installing additional dependencies...

added 25 packages from 103 contributors and audite
found 0 vulnerabilities

⚓  Running completion hooks...

🎉  Successfully created project vue3-test.
👉  Get started with the following commands:

 $ cd vue3-test
 $ npm run serve

bogon:personal jacob$ cd vue3-test/
bogon:vue3-test jacob$ npm run serve
```

图 1-19　执行 npm run serve 命令

（6）安装完之后的目录结构如图 1-20 所示，使用了 Typescript 后，会多产生一个 tsconfig.json 的配置文件，比 2.0 版本的要精简不少。

（7）执行完 npm run serve 命令后，项目会自动启动，在浏览器中打开 http://localhost:8080/#/ 即可看到运行后的效果，如图 1-21 所示。

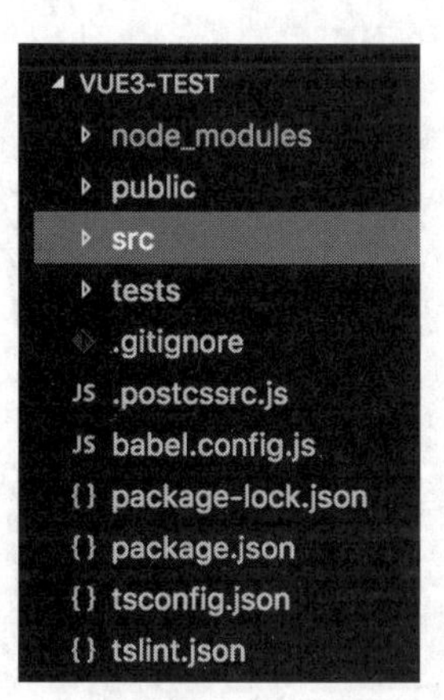

图 1-20　安装完之后的目录结构

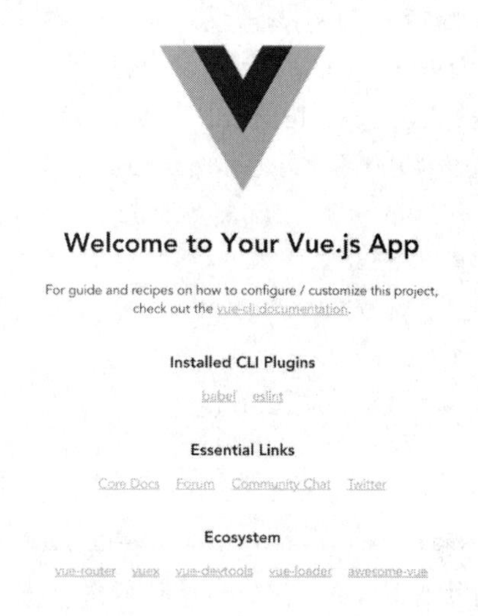

图 1-21　运行后的效果

5. 自定义配置

由于这个版本并没有 config 和 build 文件夹，也没有相应的配置文件，实现配置需要额外新建一个 vue.config.js 文件，可以在构建项目时进行额外的配置。

详情可访问 Vue CLI 3 官网，在 Guide 菜单的 Overview 中查看，具体配置代码示例如下。

```
module.exports = {
  // 基本地址
  baseUrl: '/',
  // 运行 vue-cli-service 进行构建时将生成构建文件的目录
  outputDir: 'dist',
  // 放置静态资源处（js/css/img/font/...）
  assetsDir: '',
  // 以多页模式构建应用程序
  pages: {
    index: {
      // 页面入口
      entry: 'src/index/main.js',
      // 源模板
      template: 'public/index.html',
      // 输出 dist/index.html
      filename: 'index.html'
    },
  },
```

```
// 是否使用 eslint-loader 在开发期间执行 lint-on-save
lintOnSave: true,
// 是否使用包含运行时编译器的 Vue 核心的构建
runtimeCompiler: false,
// 默认情况下，babel-loader 会忽略 node_modules 中的所有文件
// 如果要使用 Babel 显式转换依赖关系，可以在此选项中列出它
transpileDependencies: [],
// 是否为生产环境构建生成 source map
productionSourceMap: process.env.NODE_ENV !== 'production',
// 配置 webpack
configureWebpack: config => {
  if (process.env.NODE_ENV === 'production') {
    console.log(config)
  }
},
// 允许对内部 webpack 配置进行更细粒度的修改
chainWebpack: config => {
  config.resolve.alias
    .set('api', resolve('src/api'))
    .set('@', resolve('src'))
  config.module
    .rule('vue')
    .use('vue-loader')
    .loader('vue-loader')
    .tap(options => {
      // modify the options...
      return options
    })
},
// 这是一个没有经过任何模式验证的对象，因此它可以用于将任意选项传递给第三方插件
pluginOptions: {
  foo: {
    // plugins can access these options as
    // options.pluginOptions.foo
  }
},
// 在生产环境下为 Babel 和 TypeScript 使用 thread-loader
// 在多核机器下会默认开启
parallel: require('os').cpus().length > 1
css: {
  // 为所有的 CSS 及其预处理文件开启 CSS Modules
```

```
    // 这个选项不会影响 *.vue 文件
    modules: false,
    // 将组件内的 CSS 提取到一个单独的 CSS 文件（只用在生产环境中）
    // 也可以是一个传递给 extract-text-webpack-plugin 的选项对象
    extract: true,
    // 是否开启 CSS source map
    sourceMap: false,
    // 为预处理器的 loader 传递自定义选项。比如传递给
    // sass-loader 时，使用 { sass: { ... } }
    loaderOptions: {
      css: {
        // options here will be passed to css-loader
      },
      postcss: {
        // options here will be passed to postcss-loader
      }
    },
  },
  // PWA 插件的选项
  // 查阅 PWA 插件自述文件
  pwa: {
    name: 'My App',
    themeColor: '#4DBA87',
    msTileColor: '#000000',
    appleMobileWebAppCapable: 'yes',
    appleMobileWebAppStatusBarStyle: 'black',

    // 配置 workbox 插件
    workboxPluginMode: 'InjectManifest',
    workboxOptions: {
      // 在 in InjectManifest 模式下，swSrc 是必需的
      swSrc: 'dev/sw.js',
      // 其他 workbox 选项
    }
  },
  // 配置 webpack-dev-server 行为
  devServer: {
    open: process.platform === 'darwin',
    host: '0.0.0.0',
    port: 8090,
    disableHostCheck: true,
```

```
    https: false,
    hotOnly: false,
    // 查阅配置代理
    proxy: {
      // '/dip': {
      //   target: 'http://tigbssit.cnsuning.com',
      //   changeOrigin: true,
      //   pathRewrite: {
      //     '^/dip': '/portal/api'
      //   }
      // }
    }, // string | Object
    before: app => {}
  }
}
```


6. 创建第一个 Vue.js 应用

首先创建一个 Vue.js 实例，创建实例时绑定 HTML 的 id，然后在 HTML 里就可以使用声明式渲染，可使用如下模板语法将数据渲染进 DOM 系统。

```
var app = new Vue({
  el: '#app',
  data: {
    message: 'Hello Vue!'
  }
})
<div id="app">
  {{ message }}
</div>
```

这样我们就成功创建了第一个 Vue.js 应用，看起来跟渲染一个字符串模板非常类似，但是 Vue.js 在背后做了大量工作。现在数据和 DOM 已经建立了关联，所有内容都是响应式的。只要改变 data 里 message 的值，HTML 渲染出来的结果就会实时改变。

本章小结

本章首先介绍了 Vue.js 的概念，即它是一个什么样的框架。接着介绍了 Vue.js 兴起的原因及它能够给我们带来什么样的帮助。然后重点讲解了 Vue.js 的安装过程及最新的 Vue CLI 3.0 的安装及配置。

通过本章的学习，读者应该对 Vue.js 有了一定的了解，能够掌握通过 npm 来安装 Vue CLI 和开发单页面应用的方法。

动手实践

学习完前面的内容，下面来动手实践一下吧（案例位置：源码\第 1 章\源代码\动手实践 .html）。

我们用 Vue CLI 3.0 搭建一个单页面开发的环境，并在页面上输出“Hello World!”，最终效果如图 1-22 所示。

图 1-22　运行启动后的效果

动手实践代码如下：

```
<!DOCTYPE html>
<html lang="en">
  <head>
    <title>第 1 章动手实践 </title>
    <meta charset="UTF-8">
    <meta name="viewport" content="width=device-width, initial-scale=1">
  </head>
  <body>
    <div id="app">{{ msg }}</div>
    <script src="https://unpkg.com/vue/dist/vue.min.js"></script>
    <script>
      const app = new Vue({
        el: '#app',
        data(){
          return {
                msg: 'Hello World!'
          }
        }

      })
    </script>
  </body>
</html>
```

第2章　Vue.js基础

学习目标

- 了解Vue.js实例
- 熟悉Vue.js的数据与方法
- 掌握Vue.js的生命周期及钩子函数

通过第 1 章的介绍，我们已经知道了什么是 Vue.js、为什么要使用 Vue.js，以及 Vue.js 的安装方法等。这一章我们来学习 Vue.js 的基本使用方法和它的生命周期，以及每个生命周期所对应的钩子函数。

慕课视频

Vue.js 基础

2.1　创建一个 Vue.js 实例

学习任何一种框架都会“经历”Hello World 程序，通过 Hello Wold 程序能简单直接地了解框架的特性。我们先通过一段简单的 HTML 代码来了解 Vue.js 的核心功能。

首先，我们可以新建一个扩展名为 .html 的文件。然后打开文件，输入如下代码。代码中标黑部分是 Vue.js 相关代码，其功能是在线引入一个 Vue.js 文件，用于创建 Vue.js 实例。在浏览器中打开这个文件即可看到页面效果：有一个输入文本框和展示输入文本内容的区域，文本内容会随着输入文本框的内容而变化。

案例 2-1　创建 Hello World 程序（案例位置：源码 \ 第 2 章 \ 源代码 \2.1.html）

```
<!DOCTYPE html>
<html lang="en">
```

```
    <head>
      <title>Hello World</title>
      <meta charset="UTF-8">
      <meta name="viewport" content="width=device-width, initial-scale=1">
    </head>
    <body>
      <div id="app">
        <input type="text" v-model="title">
        <h1>{{ title }}</h1>
      </div>
      <script src="https://unpkg.com/vue/dist/vue.min.js"></script>
      <script>
        const app = new Vue({
          el: '#app',
          data: {
            title: ''
          }
        })
      </script>
    </body>
  </html>
```

1. 引入 Vue.js 的脚本文件

以上是一段简单的 HTML 代码，要想在这个 HTML 代码里使用 Vue.js，必须引入 Vue.js 的脚本文件，就像我们使用 JQuery 一样，这个脚本可以在线引用，引用方法如下，src 里的地址是可以在线访问的。

```
<script src="https://unpkg.com/vue/dist/vue.min.js"></script>
```

当然也可以把这个 Vue.js 脚本文件下载到本地，然后保存为一个 JS 文件，再从本地引入，引入方法如下。

```
<script src=".. /js/vue.min.js"></script>
```

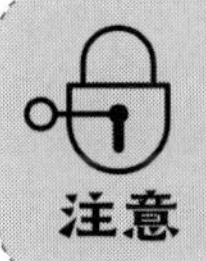

Vue.js 的代码必须写在引入脚本文件的后面，否则会无法使用。

2. 通过 new 关键字创建 Vue.js 实例

本例代码虽然简单，但是通过这段代码我们能知道 Vue.js 是怎样工作的。在这个示例中，我们通过 new 操作符新建一个 Vue.js 实例，此处的 app 就代表 Vue.js 实例。

```
{
```

```
    el: '#app',
    data: {
      title: ''
    }
  }
```

我们发现在创建 Vue.js 实例时，需要传入一个选项对象。选项对象可以包含数据、挂载元素、方法、生命周期及钩子函数等。我们在上述代码中只讲了挂载元素和数据的配置，实际上对象中还能加入方法和钩子函数，后面我们会一一说明。

3. 传入必要的参数

在生成的 Vue.js 实例里需要传入一个对象，对象的 el 属性指向视图，el: '#app' 表示该 Vue.js 实例将挂载到 <div id="app">...</div> 下面。data 属性指向模型，可以在 data 里定义一些变量，然后在 HTML 里引用。

Vue.js 有多种数据绑定的语法，基础形式是文本插值，即使用一对花括号。在运行时 {{ title}} 会被数据对象的 title 属性的值替换，所以不管在输入文本框中输入什么内容，页面上都会显示与输入一样的内容，例如在输入文本框中输入 Hello World，页面上会自动显示 Hello World，如图 2-1 所示。

Hello World

Hello World

图 2-1　输入文本框与页面展示的内容

2.2 Vue.js 数据与方法

HelloWorld 代码挂载成功后，我们可以通过 app.$el 来访问该元素。

在 <input> 标签上有 v-model 指令，它的值对应于我们创建的 Vue.js 实例的 data 选项中的 title 字段，可以借助 v-model 实现 Vue.js 的数据绑定。

2.2.1 Vue.js 的数据

通过 Vue.js 实例的 data 选项，我们可以声明应用内需要双向绑定的数据。建议预先在 data 内声明所有会用到的数据，这样不至于将数据散落在业务逻辑中，难以维护。

Vue.js 实例本身也代理了 data 对象里的所有属性，所以我们可以使用如下方法访问。

```
var app =new Vue({
    el: '#app',
```

```
    data: { a:2 }
})
console.log(app.a)    // 2
```

上面的代码通过 app 实例来访问 a 属性，在 Vue.js 实例内部可以直接使用 this.a 来调用 a，this 代表 Vue.js 实例。

同样，可以在 data 外部定义一个对象，然后在 data 里直接引用这个对象，它们之间会默认建立起双向绑定。当其中一个发生变化时，另外一个也会同时发生变化，如下面代码所示。


```
var newData = {a: 1}
var app = new Vue({
   el: '#app',
   data: newData
})
console.log(app.a) // 1
app.a = 2
console.log(newData.a) // 2
newData.a = 3
console.log(app.a) // 3
```

2.2.2 Vue.js 的实例属性与方法

Vue.js 提供了很多常用的实例属性与方法，它们都以 $ 开头，比如 $el、$data、$watch 等，更多详细的方法可以在 Vue.js 的 API 文档中查看。下面的代码展示了 $el、$data、$watch 的使用方法，通过调用这些方法可以快捷地获取相关的信息。

```
var data = { a: 1 }
var vm = new Vue({
  el: '#example',
  data: data
})

vm.$data === data // => true
vm.$el === document.getElementById('example') // => true

// $watch 是一个实例方法
vm.$watch('a', function (newValue, oldValue) {
  // 这个回调将在 vm.a 改变后执行
})
```

上面的代码通过 $data 获取了 data 里的所有属性。$data 是一个快捷获取属性的方式，是 Vue.js 里面的实例属性。$watch 是一个实例方法，通过观测 a 属性的变化实时执行后面自定义的方法，方法里提供 newValue 和 oldValue 两个参数，newVlaue 表示 a 属性变化之后的值，oldValue

表示 a 属性变化之前的值，获取两个参数的值之后可以进行一些代码的逻辑操作。

2.3 Vue.js 的生命周期及钩子函数

人会有从幼儿到儿童再到青少年、中年、老年的过程，这个过程就是生命的发展过程。同样地，每个 Vue.js 实例在被创建之前都要经过一系列的初始化过程，这个过程就是 Vue.js 的**生命周期**。在每个过程当中 Vue.js 都会提供一些固定的执行方法，不同的时期执行不同的方法，这些方法就叫**钩子函数**。

例如，Vue.js 在初始化的过程中需要经历配置数据观测、编译模板、挂载实例到 DOM，然后在数据变化时更新 DOM 等过程。在这些过程中，实例也会调用一些钩子函数，这就给我们提供了执行自定义代码逻辑的机会。

比如 created 钩子函数可以用来在一个实例被创建之后执行代码。

```
new Vue({
  data: {
    a: 1
  },
  created: function () {
    // this 指向 vm 实例
    console.log('a is: ' + this.a)
  }
})
// => "a is: 1"
```

Vue.js 的生命周期共分为创建前、创建后、载入前、载入后、更新前、更新后、销毁前、销毁后 8 个阶段，在各阶段分别调用钩子函数 beforeCreate、created、beforeMount、mounted、beforeUpdate、updated、beforeDestroy 和 destroyed，这 8 个阶段的运行过程如图 2-2 所示。

（1）beforeCreate：在实例初始化之后，数据观测和 event/watcher 事件配置之前被调用，此时 el 和 data 并未初始化。

（2）created：在实例已经创建完成之后被调用。在这一步，实例已完成数据观测、属性和方法的运算、event/watcher 事件回调等配置。然而，挂载阶段还没开始，$el 属性目前不可见，DOM 节点里的内容都无法被获取。这一步完成了 data 数据的初始化。

（3）beforeMount：在挂载开始之前被调用，相关的 render 函数首次被调用。该钩子函数在服务器端渲染期间不被调用，以完成 el 和 data 初始化。

（4）mounted：在 el 被新创建的 vm.$el 替换并挂载到实例上去之后调用该钩子函数。这个时候 DOM 节点已经渲染完成，可以获取 DOM 信息。该钩子函数在服务器端渲染期间不被调用。

（5）beforeUpdate：在数据更新时被调用，发生在虚拟 DOM 重新渲染和打补丁之前。我们可以在这个钩子函数中进一步地更改状态，这不会触发附加的重渲染过程。该钩子函数在服务器端渲染期间不被调用。

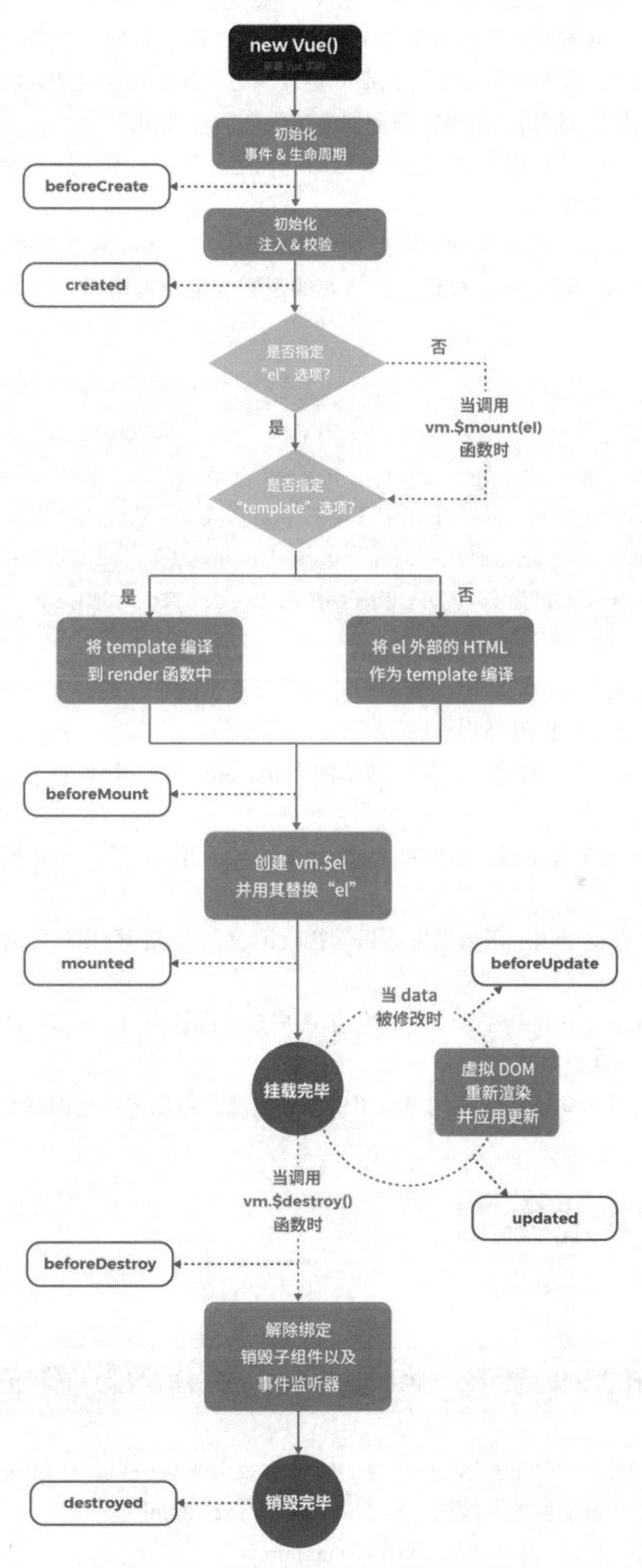

图 2-2　Vue.js 生命周期 8 个阶段的运行过程

（6）updated：由于数据更改导致虚拟 DOM 需要重新渲染和打补丁，在这之后会调用该钩子函数。当这个钩子函数被调用时，组件 DOM 已经更新，所以此时可以执行依赖于 DOM 的操作。然而在大多数情况下，我们应该避免在此期间更改状态。如果要改变相应状态，最好使用计算属性或 watcher 取而代之。该钩子函数在服务器端渲染期间不被调用。

（7）beforeDestroy：在实例销毁之前被调用。在这一步，实例仍然完全可用。该钩子函数在服务器端渲染期间不被调用。

（8）destroyed：在 Vue.js 实例销毁后被调用。调用后，Vue.js 实例指示的所有内容都会被解除绑定，所有的事件监听器会被移除，所有的子实例也会被销毁。该钩子函数在服务器端渲染期间不被调用。

注意

不要在选项属性或回调上使用箭头函数，比如 created:()=> console.log(this.a) 或 vm.$watch('a', newValue => this.myMethod())。因为箭头函数是和父级上下文绑定在一起的，this 不会是你所预期的 Vue.js 实例，它经常导致 Uncaught TypeError: Cannot read property of undefined 或 Uncaught TypeError: this.myMethod is not a function 之类的错误。另外，钩子函数的 this 上下文指向调用它的 Vue.js 实例。

这么多钩子函数，我们应该怎么使用呢？相信有不少读者看到这里会有这样的疑惑，下面简单介绍常用的钩子函数可以做哪些事情。

- beforeCreate：可以在这个钩子函数里加入 loading 事件，用以在没创建成功时提示正在加载中。
- created：在这个钩子函数里结束 loading 事件，还可以创建一些初始化函数，初始化一些变量等。
- mounted：在这个钩子函数里发起后端接口请求，以拿回数据，配合路由钩子函数做一些事情。
- beforeDestroy：这个钩子函数可以提示用户是否确认离开，或者可以执行一些释放操作，比如释放页面的监听事件等。
- destroyed：这个钩子函数里的当前组件已被删除，可以将一些内容清空。

2.4 小试牛刀

在打开页面时展示“Hello，Vue”并将其改为“你好，Vue”

在打开页面时显示“Hello，Vue”，为了使显示效果明显一点，在延迟 2 秒后将文字自动转换为“你好，Vue”（案例位置：源码 \ 第 2 章 \ 源代码 \2.4.html）。

（1）首先新建一个 HTML 代码，并引入 vue.min.js。

（2）在 data 中创建一个 title 字段，并默认赋值为“Hello，Vue”。

（3）在初始化完成的钩子函数 mounted 中写入延迟 2 秒将文字改变的代码。

（4）在 <body> 中绑定 title 字段。

代码如图 2-3 所示，效果如图 2-4 所示。

```
1  <!DOCTYPE html>
2   <html lang="en">
3    <head>
4      <title>Hello World</title>
5      <meta charset="UTF-8">
6      <meta name="viewport" content="width=device-width, initial-scale=1">
7    </head>
8    <body>
9      <div id="app">
10       <h1>{{ title }}</h1>
11     </div>
12     <script src="https://unpkg.com/vue/dist/vue.min.js"></script>
13     <script>
14       const app = new Vue({
15         el: '#app',
16         data(){
17             return {
18                 title: 'Hello, Vue'
19             }
20         },
21         mounted() {
22             setTimeout(() => {
23                 this.title = "你好, Vue"
24             }, 2000)
25         }
26       })
27     </script>
28   </body>
29 </html>
```

图 2-3　小试牛刀完整代码

你好，Vue

图 2-4　小试牛刀效果

本章小结

本章主要介绍了 Vue.js 的基本使用方法，我们了解了怎么创建 Vue.js 实例，如何在实例里定义一些属性，以及数据双向绑定的方法。接着我们了解了怎么通过 Vue.js 自身的 API 获取实例属性、调用实例方法。

最后我们重点介绍了 Vue.js 的初始化过程及初始化过程中的常用钩子函数，这对以后 Vue.js 的使用是非常重要的。由于每个钩子函数的触发时机不同，我们可以将一些代码逻辑放在不同的函数中来执行，确保代码的正常运行。

通过本章的学习，读者应该对 Vue.js 的基本使用有一个初步的了解，能够掌握 Vue.js 生命周期初始化过程中的常用钩子函数的使用方法。

动手实践

学习完前面的内容，下面来动手实践一下吧（案例位置：源码\第2章\源代码\动手实践.html）。

创建一个 Vue.js 实例，在 Vue.js 实例化过程中列出 berforeCreate、created、beforeMount 和 mounted 等 4 个钩子函数，然后在每个函数中通过 console.log() 依次输出每个函数中对应的 $el 和 data 的状态，并观察它们的执行顺序，如图 2-5 所示。

```
▼ beforeCreate 创建前状态===============》
    el     : undefined
    data   : undefined
    title: undefined
  ▼ created 创建完毕状态===============》
      el     : undefined
      data   : [object Object]
      title: undefined
    ▼ beforeMount 挂载前状态===============》
        el     : [object HTMLDivElement]
        ▶ <div id="app">…</div>
        data   : [object Object]
        title: undefined
      ▼ mounted 挂载结束状态===============》
          el     : [object HTMLDivElement]
          ▶ <div id="app">…</div>
          data   : [object Object]
          title: undefined
```

图 2-5　Vue.js 生命周期钩子函数执行顺序

动手实践代码如下：

```
<!DOCTYPE html>
<html lang="en">
  <head>
    <title>第 2 章动手实践 </title>
    <meta charset="UTF-8">
    <meta name="viewport" content="width=device-width, initial-scale=1">
  </head>
  <body>
    <div id="app"></div>
    <script src="https://unpkg.com/vue/dist/vue.min.js"></script>
    <script>
      const app = new Vue({
        el: '#app',
        beforeCreate () {
```

```
    console.group('beforeCreate 创建前状态 ===============》');
    console.log("%c%s", "color:red", "el     : " + this.$el); //未定义
    console.log("%c%s", "color:red", "data   : " + this.$data); //未定义
    console.log("%c%s", "color:red", "title: " + this.message)
  },
  created () {
    console.group('created 创建完毕状态 ===============》');
    console.log("%c%s", "color:red", "el     : " + this.$el); //未定义
    console.log("%c%s", "color:red", "data   : " + this.$data); //已被初始化
    console.log("%c%s", "color:red", "title: " + this.message); //已被初始化
  },
  beforeMount () {
    console.group('beforeMount 挂载前状态 ===============》');
    console.log("%c%s", "color:red", "el     : " + (this.$el)); //已被初始化
    console.log(this.$el);
    console.log("%c%s", "color:red", "data   : " + this.$data); //已被初始化
    console.log("%c%s", "color:red", "title: " + this.message); //已被初始化
  },
  mounted () {
    console.group('mounted 挂载结束状态 ===============》');
    console.log("%c%s", "color:red", "el     : " + this.$el); //已被初始化
    console.log(this.$el);
    console.log("%c%s", "color:red", "data   : " + this.$data); //已被初始化
    console.log("%c%s", "color:red", "title: " + this.message); //已被初始化
  },
  beforeUpdate () {
    console.group('beforeUpdate 更新前状态 ===============》');
    console.log("%c%s", "color:red", "el     : " + this.$el);
    console.log(this.$el);
    console.log("%c%s", "color:red", "data   : " + this.$data);
    console.log("%c%s", "color:red", "title: " + this.message);
  },
  updated () {
    console.group('updated 更新完成状态 ===============》');
    console.log("%c%s", "color:red", "el     : " + this.$el);
    console.log(this.$el);
    console.log("%c%s", "color:red", "data   : " + this.$data);
    console.log("%c%s", "color:red", "title: " + this.message);
  },
  beforeDestroy () {
    console.group('beforeDestroy 销毁前状态 ===============》');
```

```
          console.log("%c%s", "color:red", "el     : " + this.$el);
          console.log(this.$el);
          console.log("%c%s", "color:red", "data   : " + this.$data);
          console.log("%c%s", "color:red", "title: " + this.message);
        },
        destroyed () {
          console.group('destroyed 销毁完成状态 ================》 ');
          console.log("%c%s", "color:red", "el     : " + this.$el);
          console.log(this.$el);
          console.log("%c%s", "color:red", "data   : " + this.$data);
          console.log("%c%s", "color:red", "title: " + this.message)
        }

      })
    </script>
  </body>
</html>
```

第3章　Vue.js模板语法

学习目标

- 了解Vue.js模板插值的使用方法
- 熟悉Vue.js指令的使用与缩写
- 掌握Vue.js的常用指令

通过前面的介绍，我们对 Vue.js 有了一个初步的认识，但这才刚刚迈入学习 Vue.js 的“大门”。Vue.js 其实封装了很多非常便捷的操作，有时只需要输入一个指令或者一个符号就能让页面产生令人惊喜的“反应”，这些指令或符号就是模板语法。Vue.js 的核心是一个允许我们采用简洁的模板语法来声明式地将数据渲染进DOM的系统，而不必让我们去操作 DOM，仅使用模板语法就可以完成相关操作。

慕课视频

Vue.js 模板语法

3.1　模板插值

所谓**模板插值**就是通过 Vue.js 提供的模板语法绑定数据。Vue.js 会自动把数据插入 DOM。Vue.js 使用的是 HTML 模板语法，遵循浏览器和 HTML 模板解析器的解析规则，允许开发者声明式地将 DOM 与 Vue.js 实例的数据绑定。

整个编译过程是这样的：首先 Vue.js 会把模板编译成虚拟的 DOM 渲染函数，然后智能地计算出需要重新渲染多少组件，再将渲染次数降到最低，当数据发生变化时，能够自动地更新视图，大大提升 Vue.js 的性能。

3.1.1 文本渲染

文本渲染是模板插值中的一种常见应用形式，也是最基本的形式之一，顾名思义就是绑定一个变量，变量的值是一段文本内容，以后只要改变这个变量的值，其内容就会自动渲染到页面上，而不需要手动改变 DOM 结构。

它使用 {{}}（也就是 Mustache 语法，即双花括号）来表示，示例如下。

```
<span>Message: {{ msg }}</span>
```

渲染时，Vue.js 会将标签内的内容替换为 msg 的值，当 msg 的值发生变化时，插值处的数据也会跟着发生变化。我们后续不用再关心 DOM 上的内容如何渲染，只需专注于数据层，以数据驱动视图，这也是 Vue.js 双向绑定的实现方式。

有时候我们想让插值处的内容只更新一次，此后当 msg 的值发生变化时不再更新插值，这该如何实现呢？这个时候我们需要用到 v-once 指令，给 <HTML> 标签加上这样一个指令后，就能实现我们的要求，示例如下。


```
<span v-once>Message: {{ msg }}</span>
```


3.1.2 HTML 渲染

上一节的双花括号只能将括号里面的内容解析成字符串，而不是 HTML 代码，如果我们需要输出 HTML 代码，就需要用到 v-html 指令。案例如下。

案例 3–1 输出 HTML 代码效果（案例位置：源码 \ 第 3 章 \ 源代码 \3.1.2.html）

```
<span v-html="myHtml"> </span>
<script>
  const app = new Vue({
     el: '#app',
     data(){
     return {
       myHtml: "<span style='color:red'> new content</span>"
      }
     }
  })
</script>
```

最终 v-html 指令渲染出的 DOM 结构如图 3-1 所示，网页效果如图 3-2 所示。

```
<html lang="en">
 ▶<head>…</head>
…▼<body> == $0
  ▼<div id="app">
    ▼<sapn>
       <span style="color:red"> new content</span>
     </sapn>
   </div>
   <script src="https://unpkg.com/vue/dist/vue.min.js"></script>
  ▶<script>…</script>
  </body>
</html>
```

图 3-1　v-html 指令渲染出的 DOM 结构

new content

图 3-2　v-html 指令渲染出的网页效果

3.1.3　使用指令绑定特性

Vue.js 的 Mustache 语法不能在 HTML 特殊属性上使用，比如要在 <div> 标签上动态赋予 id 一个变量，就不能使用 id="{{myId}}"。这是错误的使用方法，Vue.js 无法识别出来。遇到这种情况，我们应该使用 v-bind 指令。v-bind 指令用于设置 HTML 属性，可以动态地绑定一个或多个属性，使用方法如下（案例位置：源码 \ 第 3 章 \ 源代码 \3.1.3.html）。

```
<div v-bind: id="myId"> </div>
<script>
  const app = new Vue({
     el: '#app',
     data(){
     return {
       myId: "name"
      }
     }
  })
</script>
```

这样，最终渲染出来的效果就是给 <div> 默认设置了一个 id="name" 的属性，如下所示。

```
<div id="name"> </div>
```

同时，我们如果修改 myId 变量的值，id 的属性值也会发生变化。

如果我们针对一个布尔类型的属性进行动态绑定，v-bind 指令的工作方式会略有不同，比如下面这个例子，当 isButtonDisabled 的值为 null、undefined 或者 false 时，disabled 属性就一定是 false，这时候是不会渲染到 <button> 标签里的。

```
<button v-bind:disabled="isButtonDisabled">确认 </button>
```

如果 isButtonDisabled 的值是 false，则渲染效果如下。

```
<button> 确认 </button>
```

如果 isButtonDisabled 的值是 true，则渲染效果如下。

```
<button disabled="disabled"> 确认 </button>
```

3.1.4 使用 JavaScript 表达式

之前我们在使用 Mustache 语法的时候，只是简单地绑定了一个字符串进行渲染，如果我们想进行稍微复杂一点的逻辑处理，可不可以呢？答案是肯定的，实际上，Mustache 语法支持 JavaScript 表达式。

比如下面这些简单的例子。

```
{{ number + 1 }}  // 将 number 字段的值加 1

{{ ok ? 'YES' : 'NO' }}
// 三元表达式判断 ok 字段是 true 还是 false，如果是 true 就会渲染成 'YES'

{{ message.split('').reverse().join('') }}
// 将 message 字符串分割排序之后再变回字符串

<div v-bind:id="'list-' + id"></div> // 将 id 属性绑定为 'list-' 和 id 的值拼接
```


从上面的例子中，我们可以看到 Vue.js 是会将所有的 JavaScript 表达式解析的，但是其中有个限制，即我们无法使用复杂的 JavaScript 语句，或者说不能使用多个 JavaScript 语句，只能使用单个表达式。比如下面这些例子都是不会生效的。

```
<!-- 这是语句，不是表达式 -->
{{ var a = 1 }}

<!-- 流控制也不会生效，请使用三元表达式 -->
{{ if (ok) { return message } }}
```

如果想使用上面这种复杂的 JavaScript 语句，我们可以使用计算属性，后面我们会讲到，详情见第 5 章内容。

3.2 指令与缩写

指令是指以 v- 开头的 Vue.js 所特有的特殊属性。Vue.js 里面有很多这样的指令，它们的作用也各不相同，之前我们使用的 v-bind、v-html 都是 Vue.js 的指令。通过使用这些指令，我们能简单操作 DOM，这些指令原则上都是 JavaScript 表达式（v-for 除外），当表达式的值发生变化时，指令能将这些变化响应式地应用在 DOM 上。

3.2.1 指令的参数

Vue.js 中有两个常用的指令：v-bind 和 v-on。这两个指令是需要接收一个参数的，这个参数在指令后用冒号连接。v-bind 指令用来绑定 HTML 的属性，我们曾经使用过 v-bind：用 id="myId" 来绑定 id，这个 id 就是参数。这个指令用来将 id 属性与 myId 字段的值进行绑定。

v-on 指令用来绑定事件监听，其事件类型由参数指定，参数同样用冒号连接。它可以用来绑定 HTML 的原生事件，也可以用来绑定我们自定义的事件。比如下面的示例。

```
<a v-on:click="doSomething">...</a>
```

我们给 <a> 标签绑定了一个点击事件，click 是参数名，也是事件名称。当点击的时候，系统会自动调用 doSomething 这个方法来执行里面的代码逻辑。当然还可以绑定其他的事件，例如点击两次（dbclick）、弹起按键（keyup）、鼠标移动（mousemove）等。

3.2.2 指令的修饰符

指令还支持一些修饰符，修饰符的使用给我们在一些特殊场景下操作 DOM 提供了一些方便，减少了很多代码量。修饰符是以“.”连接的，就是英文状态下的句号，后面跟上修饰符的名称。示例如下。

```
<form v-on:submit.prevent="onSubmit">...</form>
```

上面我们使用 v-on 指令绑定了一个 submit 事件，同时给这个事件增加了一个修饰符，修饰符的名称是 prevent。该修饰符实际上是对触发的事件调用 event.preventDefault() 语句，自动阻止默认事件，同时会调用 onSubmit 方法。

当然，prevent 只是 v-on 指令所支持修饰符中的一个。v-on 指令还支持以下修饰符。

```
.stop - 调用 event.stopPropagation()。
.prevent - 调用 event.preventDefault()。
.capture - 添加事件侦听器时使用 capture 模式。
.self - 只当事件是从侦听器绑定的元素本身触发时才触发回调。
.{keyCode | keyAlias} - 只当事件是从特定键触发时才触发回调。
.native - 监听组件根元素的原生事件。
.once - 只触发一次回调。
.left - (2.2.0 版本及以上) 只当点击鼠标左键时触发。
.right - (2.2.0 版本及以上) 只当点击鼠标右键时触发。
.middle - (2.2.0 版本及以上) 只当点击鼠标中键时触发。
.passive - (2.3.0 版本及以上) 以 { passive: true } 模式添加侦听器。
```

v-bind 指令也有一些支持的修饰符，简单列举如下。

```
.prop - 用于绑定 DOM 属性。
.camel - (2.1.0 版本及以上) 将 kebab-case 特性名转换为 camelCase。
```

```
.sync (2.3.0版本及以上) 语法糖，会扩展成一个更新父组件绑定值的 v-on 侦听器。
```

3.2.3 指令使用缩写

对于 v-bind 和 v-on 这两个使用较为普遍的指令，每次写全名未免过于烦琐，Vue.js 提供了缩写的方式。v-bind 指令可以直接省去这几个字符，以后面的冒号代替，v-on 指令以 @ 符号代替。具体使用示例如下。

```
<!-- 完整语法 -->
<a v-bind:href="url">...</a>
<!-- 缩写 -->
<a :href="url">...</a>

<!-- 完整语法 -->
<a v-on:click="doSomething">...</a>
<!-- 缩写 -->
<a @click="doSomething">...</a>
```


以上的缩写语法都是可选的，我们既可以使用全名，也可以使用缩写名，无论使用哪种写法，支持 Vue.js 的浏览器都会正确地解析。随着使用的深入，还是使用缩写名比较方便。

3.3 常用的列表与条件渲染指令

我们在 3.2.3 节介绍了 Vue.js 当中使用频率较高的两个指令，一个是 v-bind，另一个是 v-on，当然 Vue.js 中还包含很多其他的指令。下面我们来介绍几个常用的列表指令和条件渲染指令。

3.3.1 v-if

我们在编写 JavaScript 代码的时候，经常会用到条件语句 if...else if...else。如果满足 if 里面的规则，就会执行 if 里面的语句；如果不满足 if 里面的规则而满足 else if 里面的规则，就会执行 else if 里面的语句；如果二者都不满足，就会执行 else 里面的语句。同样，这里的 v-if 也是这个道理。如果我们想让一个 DOM 节点在满足条件时渲染出来，不满足条件就不渲染，就可以使用 v-if 指令。参考下面的案例。

案例 3–2 使用 v-if 指令实现条件渲染

```
<div id="app">
    <p v-if="nubmer > 3">nubmer 大于 3</p>
</div>
  <script src="https://unpkg.com/vue/dist/vue.min.js"></script>
  <script>
```

```
    const app = new Vue({
      el: '#app',
      data() {
        return {
          nubmer: 6
        }
      }
    })
  </script>
```

代码中我们使用 v-if 对 <p> 标签进行了判断，如果 number 变量的值大于 3，DOM 结构中就会显示 <p> 标签的内容；如果把 number 的值改为 3 以下的数值，整个 <p> 标签就不会渲染，DOM 结构中不会出现 <p> 标签。v-if 指令执行效果如图 3-3 所示。

nubmer 大于3

图 3-3　v-if 指令执行效果

3.3.2　v-else-if

v-else-if 和 v-if 指令类似，只不过多加了一层条件判断，适用于两种及两种以上判断条件的场景。v-else-if 可以出现多次，代码会对每一个 v-else-if 里的条件进行判断，如果满足其中一个条件，下面的条件就不会执行。参考下面的案例。

案例 3–3　使用 v-else-if 指令实现条件渲染

```
<div id="app">
   <p v-if="nubmer > 3">nubmer 大于 3</p>
   <p v-else-if="nubmer < 3">nubmer 小于 3</p>
   <p v-else-if="nubmer < 1">nubmer 小于 1</p>
</div>
  <script src="https://unpkg.com/vue/dist/vue.min.js"></script>
  <script>
    const app = new Vue({
      el: '#app',
      data() {
        return {
          nubmer: 0
        }
      }
    })
  </script>
```

上面代码中有两个 v-else-if 的判断语句，此时 number 是 0，同时满足两个 v-else-if 的条件，但是最终页面会输出 nubmer 小于 3，因为首先匹配的是第一个 v-else-if 条件，另外两个条件不会在 DOM 节点里生成。

3.3.3 v-else

v-if 和 v-else-if 都不能匹配成功时才会自动执行 v-else 的匹配。v-else 后面不需要编写条件，只需要在标签里加上这个指令即可。但是需要注意 v-else 指令必须紧跟在 v-if 或者 v-else-if 的条件的后面，否则它将不会被识别。参考如下案例。

案例 3-4 使用 v-else 指令实现条件渲染（案例位置：源码\第 3 章\源代码\3.3.3.html）

```
<div id="app">
    <p v-if="nubmer === 1">nubmer 等于 1</p>
    <p v-else-if="nubmer === 2">nubmer 等于 2</p>
    <p v-else>nubmer 既不等于 1，也不等于 2</p>
</div>
  <script src="https://unpkg.com/vue/dist/vue.min.js"></script>
  <script>
    const app = new Vue({
      el: '#app',
      data() {
        return {
          nubmer: 0
        }
      }
    })
  </script>
```

由于 number 等于 0，既不匹配 v-if 里面的条件，也不匹配 v-else-if 指令里面的条件，所以最终会执行 v-else 指令后的代码，页面上会输出 nubmer 既不等于 1，也不等于 2。

3.3.4 v-show

v-show 和 v-if 类似，都会在满足特定的条件的情况下展示相应的条件内容，当 v-show 里面的 JavaScript 语句执行结果为 true 的时候就会显示，为 false 的时候就不显示。v-if 和 v-show 最主要的区别在于，v-if 在条件为 false 的时候不进行模板的编译，也就是整个 DOM 节点不会渲染，而 v-show 会在模板编译好之后设置一个 display:none 样式将 DOM 节点隐藏，但是页面上会有 DOM 节点存在。总体而言，频繁切换 v-if 消耗的性能比 v-show 要大，v-if 在初始渲染的时候速度要更快。

下面的案例展示了二者的不同。

案例 3-5 使用 v-show 指令控制元素显示与隐藏（案例位置：源码\第 3 章\源代码\3.3.4.html）

```
<div id="app">
    <p v-show="nubmer === 1">nubmer 等于 1</p>
</div>
  <script src="https://unpkg.com/vue/dist/vue.min.js"></script>
```

```
<script>
  const app = new Vue({
    el: '#app',
    data() {
      return {
        nubmer: 0
      }
    }
  })
</script>
```

上面代码中的 v-show 指令用于判断 number 是否等于 1，由于 number 的值为 0，所以判断结果是 false，页面上什么也没有显示。但是我们观察 DOM 树发现 p 节点已经被渲染出来，而且里面添加了 style="display:none" 的样式，将 <p> 标签进行隐藏，v-show 只是简单地基于 CSS 进行切换。v-show 指令输出后的 DOM 树结构如图 3-4 所示。

```
<!doctype html>
<html lang="en">
 ▶<head>…</head>
 ▼<body>
   ▼<div id="app">
...     <p style="display: none;">nubmer 等于1</p> == $0
     </div>
     <script src="https://unpkg.com/vue/dist/vue.min.js"></script>
   ▶<script>…</script>
   </body>
</html>
```

图 3-4　v-show 指令输出后的 DOM 树结构

3.3.5 v-for

v-for 指令的主要功能是循环遍历输出，它会根据数组或对象的选项列表进行渲染。v-for 指令需要使用 item in items 形式的特殊语法加以实现。items 是源数据数组或对象，item 是数组元素迭代的别名。

案例代码如下所示。

案例 3-6　使用 v-for 指令根据选项列表渲染

```
<div id="app">
    <ul id="example-1">
      <li v-for="item in items">
        {{ item.message }}
      </li>
    </ul>
</div>
  <script src="https://unpkg.com/vue/dist/vue.min.js"></script>
  <script>
```

```
      const app = new Vue({
        el: '#app',
        data() {
          return {
            items: [{ message: 'Foo' }, { message: 'Bar' }]
          }
        }
      })
    </script>
```

上面的代码对 items 字段进行了遍历，items 有两个对象，item 代表其中一个对象。item.message 取的是 items 每一个 message 的值，最终页面会输出两个 <li>，两个 <li> 里面的文本分别是 Foo 和 Bar。v-for 指令执行后页面输出效果如图 3-5 所示。

- Foo
- Bar

图 3-5　v-for 指令执行后页面输出效果

如果 v-for 指令遍历的是数组，则 v-for 指令还可以支持一个可选的第二个参数为当前项的索引。

```
<ul id="example-1">
   <li v-for="(item, index) in items">
     {{ item.message }} - {{ index }}
   </li>
</ul>
```

此处的 index 是数组的索引。如果 items 有两条数据，那索引分别就是 0 和 1，索引和 item 是一一对应的。

如果 v-for 通过一个对象的属性来迭代，那么可以支持 3 个参数，分别是 value、key 和 index，当然后面两个参数也都是可选的。参考如下案例。

案例 3-7　使用 v-for 指令遍历对象（案例位置：源码 \ 第 3 章 \ 源代码 \3.3.5.html）

```
<div id="app">
    <ul id="example-1">
      <li v-for="(value, key, index) in items">
        {{ index }}.{{ key }} - {{ item.message }}
      </li>
    </ul>
</div>
  <script src="https://unpkg.com/vue/dist/vue.min.js"></script>
  <script>
    const app = new Vue({
```

```
      el: '#app',
      data() {
        return {
          items: { firstName: 'John', lastName: 'Doe', age: 30 }
        }
      }
    })
  </script>
```

key 代表对象里的键名，value 对应属性的值，两者是一一对应的，v-for 指令遍历对象网页输出效果如图 3-6 所示。

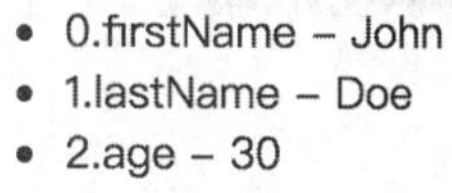

- 0.firstName - John
- 1.lastName - Doe
- 2.age - 30

图 3-6　v-for 指令遍历对象网页输出效果

3.4 小试牛刀

展示一个数据列表，当鼠标右键点击 Vue 时跳转到百度页面

展示一份名单中年龄小于 5 岁的数据，并在鼠标右键点击 Vue 时跳转到百度页面（案例位置：源码 \ 第 3 章 \ 源代码 \3.4.html）。

（1）准备一段 HTML 代码，并引入 vue.min.js。

（2）在 data 中绑定 list 数组，在数组中设置 name 和 age 字段。

（3）利用 v-for 指令将数据遍历显示在页面上，同时利用 v-show 指令将年龄在 5 岁以下的数据展示出来。

（4）添加点击事件，利用 .right 修饰符设置当鼠标右键点击该事件时添加方法，当 name 字段是 Vue 的时候跳转到百度页面。

小试牛刀示例代码如图 3-7 所示，效果如图 3-8 所示。

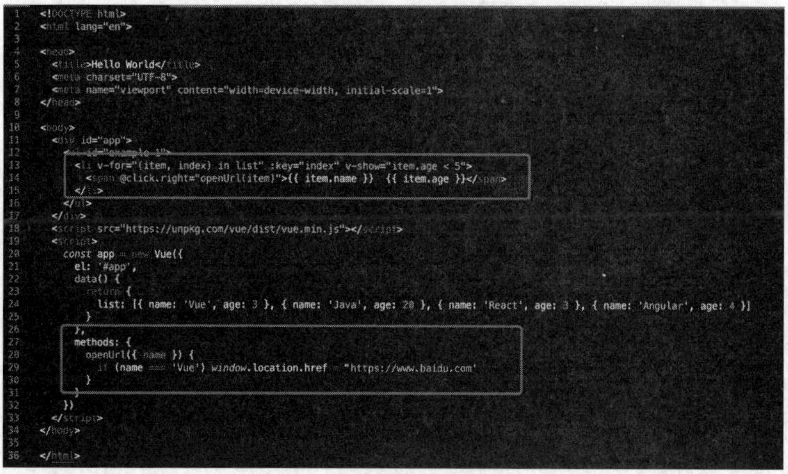

```
1   <!DOCTYPE html>
2   <html lang="en">
3
4   <head>
5     <title>Hello World</title>
6     <meta charset="UTF-8">
7     <meta name="viewport" content="width=device-width, initial-scale=1">
8   </head>
9
10  <body>
11    <div id="app">
12      <ul id="example-1">
13        <li v-for="(item, index) in list" :key="index" v-show="item.age < 5">
14          <span @click.right="openUrl(item)">{{ item.name }}  {{ item.age }}</span>
15        </li>
16      </ul>
17    </div>
18    <script src="https://unpkg.com/vue/dist/vue.min.js"></script>
19    <script>
20      const app = new Vue({
21        el: '#app',
22        data() {
23          return {
24            list: [{ name: 'Vue', age: 3 }, { name: 'Java', age: 20 }, { name: 'React', age: 3 }, { name: 'Angular', age: 4 }]
25          }
26        },
27        methods: {
28          openUrl({ name }) {
29            if (name === 'Vue') window.location.href = "https://www.baidu.com'
30          }
31        }
32      })
33    </script>
34  </body>
35
36  </html>
```

图 3-7　小试牛刀示例代码

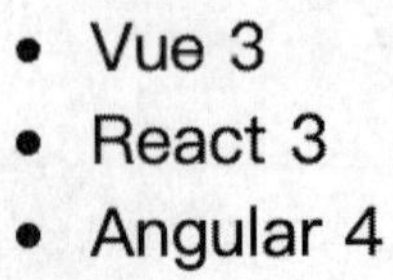

- Vue 3
- React 3
- Angular 4

图 3-8　小试牛刀效果图

本章小结

本章首先介绍了 Vue.js 的一些常用指令的语法规范和使用方法，以及如何使用指令进行数据绑定和快速开发，包括使用修饰符和指令的缩写等内容。接着讲解了列表和条件渲染指令的使用方法，这在以后的项目开发过程中使用较为频繁，所以需要重点掌握。

通过本章的学习，读者应该对 Vue.js 的指令有了一定的了解，能够通过指令来进行项目开发。

动手实践

学习完本章的内容，下面来动手实践一下吧（案例位置：源码\第 3 章\源代码\动手实践 .html）。

我们做这样一个小应用：在页面上有一个输入文本框和一个添加按钮，当我们输完内容单击按钮后，这条内容就会显示在下面的列表中；同时点击每项内容后面的删除按钮能够把这项内容从列表中删除。动手实践应用效果如图 3-9 所示。

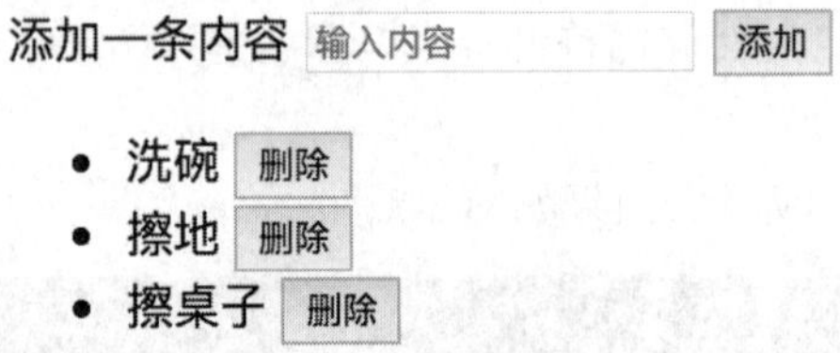

添加一条内容 [输入内容] [添加]

- 洗碗 [删除]
- 擦地 [删除]
- 擦桌子 [删除]

图 3-9　动手实践应用效果

动手实践代码如下：

```
<!DOCTYPE html>
   <html lang="en">
     <head>
       <title> 第 3 章动手实践 </title>
       <meta charset="UTF-8">
       <meta name="viewport" content="width=device-width, initial-scale=1">
     </head>
     <body>
```

```
        <div id="app">
          <span> 添加一条内容 </span>
          <input placeholder=" 输入内容 " v-model="value"/>
          <button @click="add"> 添加 </button>
          <ul>
                <li v-for="(item, index) in list" :key="index">{{ item }}
<button @click="remove(index)"> 删除 </button></li>
          </ul>
        </div>
        <script src="https://unpkg.com/vue/dist/vue.min.js"></script>
        <script>
          const app = new Vue({
            el: '#app',
            data() {
              return {
                list: [' 洗碗 ', ' 擦地 '],
                value: ''
              }
            },
            methods: {
              add() {
                this.list.push(this.value)
                this.value = ''
              },
              remove(i) {
                this.list.splice(i, 1)
              }
            }
          })
        </script>
      </body>
  </html>
```

第4章　Vue.js表单输入绑定

学习目标

- 了解常用表单控件的输入绑定
- 熟悉常用表单控件的值绑定
- 掌握v-model指令常用修饰符的使用方法

表单输入是开发过程中常见的需求，由于表单输入具有不可控性，因此 Vue.js 专门提供了 v-model 指令来实现表单输入的绑定功能。该指令在 Vue.js 中使用得非常频繁，它能够将数据进行双向绑定，在用户输入内容的同时将数据实时更新到定义的字段中。它的使用非常方便，是 Vue.js 中的特色功能之一。在第 2 章讲到 Vue.js 实例时，我们见识过 v-model 指令的初步使用，这一章我们详细了解 v-model 指令的使用场景和具体的用法。

慕课视频

Vue.js 表单输入绑定

4.1　v-model 指令的基本用法

v-model 指令通常使用在表单控件，如 <input>、<textarea>、<select> 等上，并可以对它们的值进行双向绑定。v-model 指令会根据控件的类型自动选取正确的值来更新元素，也就是说，当绑定的数据发生变化时，它会把数据转化成控件需要的格式来更新。比如 <input type="checkbox" v-model="value" />checkbox 的值 value 应该是布尔类型，即使 value 是字符串也会被自动转换成 true 或 false。

这看上去有点神奇，但 v-model 指令本质上是一个语法糖（让代码更易于理解的一种代码写法）。它可以帮我们做两件事：第一，使用 v-bind 指令绑定表单控件的 value 值；第二步使用 v-on 指令监听表单控件的 change 事件，即当表单值发生变化时，自动触发 change 事件来改变表单控件所绑定的值。在使用 v-model 指令的过程中，我们通常需要在 Vue.js 实例里面的 data 选项中声明一个变量并将其绑定到 v-model 指令上，变量的值就是表单控件的初始值，下面我们来详细了解一下。

4.1.1 单行文本的双向绑定

我们先绑定一个 <input> 输入文本框，当在输入文本框里改变输入的内容时，页面上会实时输出文本内容。

案例 4–1 使用 v-model 指令绑定单行文本，并实时输出（案例位置：源码 \ 第 4 章 \ 源代码 \4.1.1.html）

```
<div id="app">
    <input v-model="message" type="text" placeholder="请输入内容"/>
    <p>{{ message }}</p>
 </div>
    <script src="https://unpkg.com/vue/dist/vue.min.js"></script>
    <script>
      const app = new Vue({
        el: '#app',
        data(){
          return {
            message: ' '
          }
        }
      })
  </script>
```

在上面的代码中，我们通过 v-model 指令绑定 message 变量，然后在 <p> 标签里实时输出 message 的值。我们发现，当我们在 <input> 输入文本框中改变输入的内容时，页面上会实时输出输入的内容，效果如图 4-1 所示。

我真帅!

我真帅!

图 4–1 单行文本的双向绑定

4.1.2 多行文本的双向绑定

多行文本的双向绑定与单行文本的双向绑定是类似的：首先在 Vue.js 实例 data 中定义一个 message 变量，然后在 <textarea> 标签上使用 v-model 指令绑定 message 变量，再在 <span> 标签中输出 message，我们发现 <textarea> 中输入的内容会实时在页面上输出。

案例 4–2 v-model 指令绑定多行文本，并实时输出（案例位置：源码 \ 第 4 章 \ 源代码 \ 4.1.2.html）

```
<div id="app">
    <span>输入的内容为：{{ message }}</span>
    <br>
    <textarea v-model="message" placeholder="请输入内容"></textarea>
  </div>
  <script src="https://unpkg.com/vue/dist/vue.min.js"></script>
  <script>
    const app = new Vue({
      el: '#app',
      data() {
        return {
          message: ''
        }
      }
    })
</script>
```

效果如图 4-2 所示。

输入的内容为：Hello Vue!
Hello
Vue!

图 4-2　多行文本的双向绑定

4.1.3　复选框的双向绑定

复选框的 v-model 指令双向绑定使用方法和文本的是相似的，不同的是复选框的绑定变量可以是布尔类型，而文本的绑定变量是字符串类型。

1. 单个复选框

使用 v-model 指令绑定单个复选框，首先在 data 里定义好一个变量，变量是布尔类型，接着在 checkbox 控件上使用 v-model 指令绑定这个变量，随后在 <label> 标签中输出变量的值。

案例 4–3　使用 v-model 指令绑定单个复选框（案例位置：源码 \ 第 4 章 \ 源代码 \4.1.3.1.html）

```
<div id="app">
    <input type="checkbox" id="checkbox" v-model="checked">
    <label for="checkbox">{{ checked }}</label>
</div>
  <script src="https://unpkg.com/vue/dist/vue.min.js"></script>
  <script>
    const app = new Vue({
      el: '#app',
```

```
      data() {
        return {
          checked: false
        }
      }
    })
  </script>
```

当我们单击使其选中和不选中时，复选框后面的文字能实时显示 checkbox 的选中状态，效果如图 4-3 所示。

图 4-3　单个复选框的双向绑定

2. 多个复选框

使用 v-model 指令绑定多个复选框绑定的是一个数组，data 里对应的变量应该是数组类型。绑定方法如下。

案例 4–4　使用 v-model 指令绑定多个复选框（案例位置：源码 \ 第 4 章 \ 源代码 \4.1.3.2.html）

```
  <div id="app">
    <input type="checkbox" id="jack" value="Jack" v-model="checkedNames">
    <label for="jack">Jack</label>
    <input type="checkbox" id="john" value="John" v-model="checkedNames">
    <label for="john">John</label>
    <input type="checkbox" id="mike" value="Mike" v-model="checkedNames">
    <label for="mike">Mike</label>
    <br>
    <span>Checked names: {{ checkedNames }}</span>
  </div>
  <script src="https://unpkg.com/vue/dist/vue.min.js"></script>
  <script>
    const app = new Vue({
      el: '#app',
      data() {
        return {
          checkedNames: []
        }
      }
    })
  </script>
```

在上面代码中，多个 checkbox 绑定了同一个变量 checkedNames，所以在 data 里定义这个变量的类型是数组。当我们改变每个 checkbox 的选中状态时，能看到 checkedNames 数组中的值在实时发生变化，并且把每个 checkbox 的 value 值都放进了数组里。当数组默认不为空，且包含 checkbox 的 value 的值时，对应的 checkbox 就会变成选中状态，效果如图 4-4 所示。

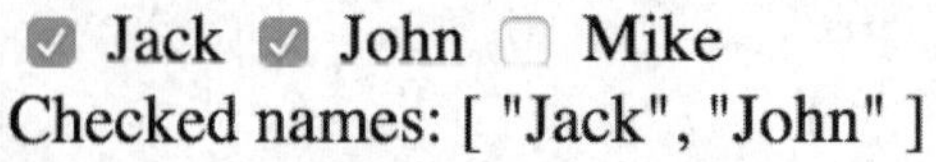

Jack John Mike
Checked names: ["Jack", "John"]

图 4-4 多个复选框的双向绑定

4.1.4 单选按钮的双向绑定

使用 v-model 指令绑定单选按钮跟文本框的绑定类似，绑定的变量值都是一个字符串。首先要在 <input> 输入文本框设置一个 value 值，value 值是字符串类型，用来区分是哪个 radio 控件。所有的 radio 控件都需使用 v-model 指令绑定同一个变量，否则就不能成为一对互斥的单选按钮。当选中哪个 radio 控件时，变量的值就会是对应控件的 value 值。实现代码如下。

案例 4-5 使用 v-model 指令绑定单选按钮（案例位置：源码 \ 第 4 章 \ 源代码 \4.1.4.html）

```
<div id="app">
  <input type="radio" id="one" value="One" v-model="picked">
  <label for="one">One</label>
  <br>
  <input type="radio" id="two" value="Two" v-model="picked">
  <label for="two">Two</label>
  <br>
  <span>Picked: {{ picked }}</span>
</div>
<script src="https://unpkg.com/vue/dist/vue.min.js"></script>
<script>
  const app = new Vue({
    el: '#app',
    data() {
      return {
        picked: ' '
      }
    }
  })
</script>
```

效果如图 4-5 所示。

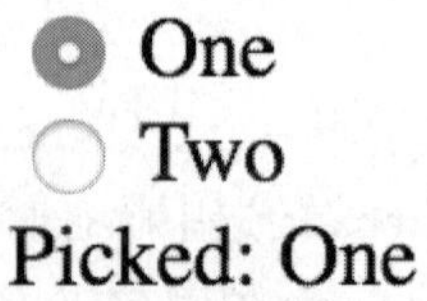

One
Two
Picked: One

图 4-5 单选按钮的双向绑定

4.1.5 下拉列表框的双向绑定

下拉列表框使用 v-model 指令进行双向绑定时需在 <select> 标签上绑定变量，这个变量同样是字符串类型，当改变下拉列表框选中的值后，变量的值会变成对应 option 的 value 值。这里没有定义 value，所以 value 默认是 option 对应的文本值。实现代码如下。

案例 4–6 使用 v-model 指令绑定下拉列表框（案例位置：源码 \ 第 4 章 \ 源代码 \4.1.5.1.html）

```
<div id="app">
  <select v-model="selected">
    <option disabled value="">请选择</option>
    <option>A</option>
    <option>B</option>
    <option>C</option>
  </select>
  <p>Selected: {{ selected }}</p>
</div>
<script src="https://unpkg.com/vue/dist/vue.min.js"></script>
<script>
  const app = new Vue({
    el: '#app',
    data() {
      return {
       selected: ' '
      }
    }
  })
</script>
```

具体效果如图 4-6 所示。

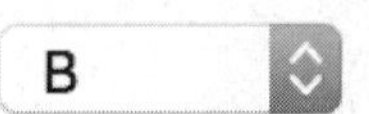

Selected: B

图 4–6 下拉列表框的双向绑定

通常我们在使用下拉列表框时会配合 v-for 指令，因为 <select> 标签下的 option 可能有很多，这时候使用 v-for 指令来遍历就会非常方便。我们遍历一个 options 数组，然后将 options 数组里每个对象的 text 字段作为下拉列表框中每个选项的文本，将 value 作为每个选项绑定的值，当我们改变下拉列表框中的选项内容时，selected 值会相应地发生变化。selected 值默认是 A，所以下拉列表框中会将值为 A 的选项选中。实现代码如下，效果如图 4-7 所示。

案例 4–7 使用 v-for 指令双向绑定下拉列表框（案例位置：源码 \ 第 4 章 \ 源代码 \4.1.5.2.html）

```
<div id="app">
  <select v-model="selected">
   <option v-for="item in options" :key="item.value" :value="item.value">
      {{ item.text }}
   </option>
```

```
    </select>
    <p>Selected: {{ selected }}</p>
  </div>
  <script src="https://unpkg.com/vue/dist/vue.min.js"></script>
  <script>
    const app = new Vue({
      el: '#app',
      data() {
        return {
          selected: 'A',
          options: [
            { text: 'One', value: 'A' },
            { text: 'Two', value: 'B' },
            { text: 'Three', value: 'C' }
          ]
        }
      }
    })
  </script>
```

Three

Selected: C

图 4-7 使用 v-for 指令双向绑定下拉列表框

4.2 v-model 指令的值绑定

文本、复选框、单选按钮及下拉列表框，v-model 指令绑定的变量通常是静态字符串，复选框可以是布尔值，多个复选框也可以是数组，这些是我们常用的变量绑定类型。当然如果绑定的不是字符串类型，系统也是不会报错的，比如绑定的是一个对象，但是通常不推荐这么使用。

例如下拉列表框会给每个 option 的 value 值绑定一个对象 {number:XXX}，v-model 指令绑定的 selected 变量也给一个空对象，事实上不管此时默认的 selected 变量是什么类型，改变下拉选项后都会变成 option 的 value 值的类型。具体代码如下所示。

案例 4-8 使用 v-model 指令绑定下拉列表框中的值为对象（案例位置：源码\第 4 章\源代码\4.2.html）

```
  <div id="app">
    <select v-model="selected">
      <optionv-for="item in options"
```

```
      :key="item.value" :value="item.value">{{ item.text }}</option>
    </select>
    <p>Selected: {{ selected }} {{ selected.number }}</p>
  </div>
  <script src="https://unpkg.com/vue/dist/vue.min.js"></script>
  <script>
    const app = new Vue({
      el: '#app',
      data() {
        return {
          selected: {},
          options: [
            { text: 'One', value: {number: 123} },
            { text: 'Two', value: {number: 456} },
            { text: 'Three', value: {number: 789} }
          ]
        }
      }
    })
  </script>
```


每个 option 的 value 值都是一个对象，selected 的默认值是 {}，当 option 改变时，把 selected 的值在页面上显示出来，我们可以看到 selected 的值变成了 options 里相应的 value 值。我们通过 selected.number 可以获取 number 的值。效果如图 4-8 所示。

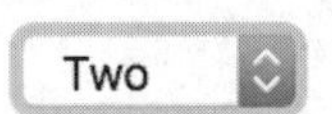

Selected: { "number": 456 } 456

图 4-8　使用 v-model 指令绑定下拉列表框中的值为对象

4.3 使用修饰符

v-model 指令提供了几个修饰符，帮助我们对绑定的变量进行特殊处理，方便在不同的业务场景下使用。下面我们重点介绍这几个修饰符的使用方法。

4.3.1 .lazy 修饰符

v-model 指令在绑定 <input> 控件后，每当 <input> 输入文本框的值发生变化时，v-model 指令的值都会同步发生变化。如果在 v-model 指令后面加上 .lazy 修饰符，v-model 指令绑定值就不会实时变化，而是使用 change 事件进行同步。

具体实现代码如下，当我们在输入文本框中输入内容时，变量 message 不会立刻变化，而是当鼠标光标失去焦点，也就是触发 <input> 的 change 事件时，message 才会变化。

案例 4-9 使用 .lazy 修饰符打断同步变化（案例位置：源码 \ 第 4 章 \ 源代码 \4.3.1.html）

```
<div id="app">
    <input v-model.lazy="message" type="text" placeholder=" 请输入内容 "/>
    <p>{{ message }}</p>
</div>
  <script src="https://unpkg.com/vue/dist/vue.min.js"></script>
  <script>
    const app = new Vue({
     el: '#app',
      data(){
        return {
          message: ' '
        }
      }
    })
</script>
```

上面的代码效果等同于下面的代码效果。

```
<div id="app">
    <input :value="message" type="text" @change="change" placeholder=" 请输
入内容 "/>
    <p>{{ message }}</p>
</div>
  <script src="https://unpkg.com/vue/dist/vue.min.js"></script>
  <script>
    const app = new Vue({
      el: '#app',
      data(){
        return {
          message: ' '
        }
      },
      methods: {
        change(e) {
          this.message = e.target.value
        }
      }
    })
  </script>
```

4.3.2 .number 修饰符

通常我们在使用 v-model 指令绑定 <input> 控件时，绑定的值都是字符串类型的，即使是加了 type="number" 属性，HMTL 的返回值依旧是字符串类型。如果我们希望获取的值是数字类型而不是字符串类型，需要再做进一步的转换操作，这会显得非常烦琐。现在只需要在 v-model 指令后面加上 .number 修饰符，获取到的值就会自动转换成数字类型。具体实现代码如下。

案例 4-10 使用 .number 修饰符获取数字类型的值（案例位置：源码\第 4 章\源代码\4.3.2.html）

```
<div id="app">
    <input type="number" v-model.number="age" placeholder=" 请输入内容 "/>
    <p>{{ typeof(age) }}</p>
</div>
  <script src="https://unpkg.com/vue/dist/vue.min.js"></script>
  <script>
    const app = new Vue({
      el: '#app',
      data(){
        return {
          age: 0
        }
      }
    })
```

上面的代码通过 typeof 方法输出 age 的类型，使用 .number 修饰符时输出的值是数字类型，效果如图 4-9 所示。

如果不使用 .number 修饰符，输出的值是字符串类型，即使 <input> 输入文本框有 type='number' 的属性。效果图如图 4-10 所示。

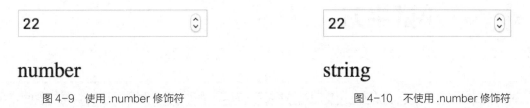

图 4-9　使用 .number 修饰符　　图 4-10　不使用 .number 修饰符

4.3.3 .trim 修饰符

v-mdoel 指令绑定 <input> 输入文本框时，绑定值通常会完全复制 <input> 输入文本框中的输入内容，但在实际编码过程中，我们要过滤掉输入内容的前后空格，因为这些空格对代码并没有什么作用，反而容易引起一些潜在的问题。

处理空格的通常做法是先获取输入内容，然后判断里面有没有前后空格，有的话再过滤。这些操作非常烦琐，而现在只需要在 v-model 指令后面加上 .trim 修饰符，Vue.js 就会自动帮我们处理掉这些空格，具体代码如下所示。

案例 4–11　使用 .trim 修饰符过滤掉输入的空格（案例位置：源码 \ 第 4 章 \ 源代码 \4.3.3.html）

```
<div id="app">
    <input type="text" v-model.trim="msg" placeholder="请输入内容"/>
    <p>{{ msg }}</p>
</div>
  <script src="https://unpkg.com/vue/dist/vue.min.js"></script>
  <script>
    const app = new Vue({
      el: '#app',
      data(){
        return {
          msg: ' '
        }
      }
    })
  </script>
```

我们在输入文本框中内容的前后输入空格不会生效，v-model 指令绑定的值里不会有这些空格，在字符之间输入的多个空格也只会默认按一个空格来识别，效果如图 4-11 所示。

你　好 V　U　E

你 好 V U E

图 4–11　使用 .trim 修饰符

4.4 小试牛刀

在输入文本框输入内容并在输入文本框失去焦点后，在页面实时展示内容并过滤掉空格

在页面上有一个输入文本框，在输入文本框中输入内容并在输入文本框失去焦点后，页面实时展示输入文本框中的内容，同时向输入文本框中的内容前后输入的多个空格会被自动过滤掉（案例位置：源码 \ 第 4 章 \ 源代码 \4.4.html）。

（1）准备一段 HTML 代码，并引入 vue.min.js。

（2）注册一个组件，在组件 data 中准备一个 message 字段，并在输入文本框和 <p> 标签中绑定这个字段。在使用 v-model 指令绑定字段时使用 .trim 修饰符进行修饰，代码如图 4-12 所示。

```
<div id="app">
  <input v-model.trim="message" type="text" placeholder="请输入内容"/>
  <p>{{ message }}</p>
</div>
<script src="https://unpkg.com/vue/dist/vue.min.js"></script>
<script>
  const app = new Vue({
    el: '#app',
    data(){
      return {
        message: ''
      }
    }
  })
</script>
```

图 4-12　小试牛刀注册组件代码

（3）页面最终呈现效果如图 4-13 所示。

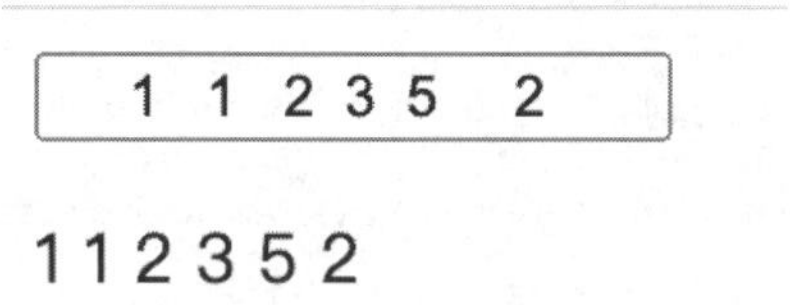

```
 1  1  2 3 5   2

112352
```

图 4-13　小试牛刀页面效果

本章小结

本章主要介绍了常用表单控件通过 v-model 指令绑定数据的方法，以及每个不同控件所对应的值类型。接着讲解了 v-model 指令常用的修饰符，通过使用这些修饰符能够快速对 v-model 指令绑定的值进行处理，以满足不同场景下对不同数据格式的要求。

通过本章的学习，读者应该能够熟练运用 v-model 指令于日常开发中。v-model 指令能为我们获取和处理数据提供很大的便利。

动手实践

学习完本章的内容，下面来动手实践一下吧（案例位置：源码\第 4 章\源代码\动手实践.html）。

在输入文本框中输入文本内容后，按 Enter 键把输入的内容作为 checkbox 的选项，为其增加一个选项，同时对输入文本的前后空格进行处理，过滤掉这些空格。当选中 checkbox 选项后，<select> 下拉列表框中就会增加一个选项。如果 checkbox 没有选中任何选项，就不展示 <select> 下拉列表框。效果如图 4-14 和图 4-15 所示。

添加一条内容 输入内容

Jack Tom Nike Lily Neil

选中的内容：

图 4-14　课后实践没有选中 checkbox 选项

添加一条内容 输入内容

Jack Tom Nike Lily Neil

选中的内容：

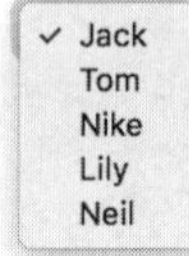

图 4-15　课后实践选中 checkbox 选项后

动手实践代码如下：

```
<!DOCTYPE html>
<html lang="en">
  <head>
    <title>第 4 章动手实践 </title>
    <meta charset="UTF-8">
    <meta name="viewport" content="width=device-width, initial-scale=1">
  </head>
  <body>
    <div id="app">
      <div>
        <span>添加一条内容 </span>
        <input placeholder="输入内容" v-model.trim="value" @keyup.enter="add"/>
      </div>
      <div v-for="(item, index) in checkList" :key="index" style="display: inline;">
        <input type="checkbox" :id="item" :value="item" v-model="selectedCheckbox"/>
        <label :for="item">{{ item }}</label>
      </div>
      <p>选中的内容：</p>
      <div v-show="selectedCheckbox.length !== 0">
        <select>
          <option v-for="(item, index) in selectedCheckbox" :key="index">{{ item }}</option>
        </select>
      </div>
    </div>
    <script src="https://unpkg.com/vue/dist/vue.min.js"></script>
    <script>
```

```
    const app = new Vue({
      el: '#app',
      data() {
        return {
          selectedCheckbox: [],
          value: '',
          checkList: []
        }
      },
      methods: {
        // 按 Enter 键后往选中的数组里加选项
        add() {
          this.checkList.push(this.value)
          this.value = ''
        }
      }
    })
  </script>
</body>
</html>
```

第5章 Vue.js计算属性与侦听器

学习目标

- 了解什么是计算属性与侦听器
- 熟悉计算属性与侦听器的区别与联系
- 掌握计算属性与侦听器的使用方法

在了解了 Vue.js 的常用指令之后，我们已经能够使用这些指令开发独立的功能模块，但是仍然不能满足有些场景的需要。例如，我们在网站上购买商品，在订单结算的页面，当我们在购物车中增加商品的数量时，总价能够同步变化。这个功能可以采用多种方式实现，但是在 Vue.js 中，我们通过之前介绍的双向绑定是无法实现的。

这个时候计算属性与侦听器就派上用场了。计算属性就是指自动计算，当计算属性中的变量发生变化时就会自动触发重新计算的过程，例如上面的购物车案例，其总价就是一个计算属性，系统在数量和单价发生变化时自动计算生成新的总价金额。侦听器和计算属性类似，侦听器监听到一个变量发生变化时，自动执行监听中的方法，例如监听当前的网址，当网址发生变化时自动检验页面的权限，如果需要登录就跳转到登录页面。下面重点介绍这两个功能的使用方法。

慕课视频

Vue.js 计算属性与侦听器

5.1 计算属性

在 Vue.js 的模板语法里，我们可以使用一些 JavaScript 的表达式，以方便地进行数值运算。但是，如果在页面中使用大量复杂的表达式会导致页面逻辑过于复杂，并且非常难以维护，这个时候就需要使用计算属性（computed）来处理这些复杂的逻辑运算。

5.1.1 什么是计算属性

计算属性是 Vue.js 实例中的一个属性，在这个属性中可以定义多个要计算的属性函数，当每个属性函数里面相关的字段发生变化时，这个属性的值就会改变。如果相关数据没有发生变化，它就会读取缓存，不会再次执行函数，而是直接返回之前的计算结果。

之前在第 3 章讲到模板语法的时候提到过在模板里可以使用复杂的 JavaScript 代码，代码如下所示。

```
<div id="example">
  {{ message.split('').reverse().join('') }}
</div>
```

上述代码用于显示变量 message 的翻转字符串。当你想要在模板中多次引用此处的翻转字符串时，就会更加难以处理。其实正确的处理方法是用计算属性实现，下面一起来试试通过使用计算属性来达到同样的效果。

5.1.2 计算属性的使用方法

使用计算属性首先需要在 Vue.js 实例里面定义一个 computed 对象，然后在它的里面定义多个属性函数。每个函数需要有一个返回值来作为这个属性字段的值效果。要实现上面的效果，可以参考下面的代码。

案例 5-1 使用计算属性实现字符串翻转（案例位置：源码 \ 第 5 章 \ 源代码 \5.1.2.html）

```
<div id="app">
      {{ reversedMessage }}
</div>
    <script src="https://unpkg.com/vue/dist/vue.min.js"></script>
    <script>
      const app = new Vue({
        el: '#app',
        data() {
          return {
            message: 'Hello'
          }
        },
        computed: {
          reversedMessage() {
            return this.message.split('').reverse().join('')
          }
        }
```

```
  })
</script>
```

在上面的代码中我们定义了一个 message 变量作为原始值，然后在计算属性中定义了一个 reversedMessage 变量作为最终使用的值。在这个计算属性函数中通过 this.message 获取 message 变量的值，再完成将字符串分割成数组的工作，最后返回这个计算结果并将其显示在页面上，如图 5-1 所示。

olleH

图 5-1　计算属性实现字符串翻转

5.1.3　计算属性缓存

计算属性其实是对于依赖进行缓存的属性，当相关依赖发生变化时才会去重新求值，也就是说当 message 变量的值没有发生变化时，多次访问 reversedMessage，计算属性会立即返回之前的计算结果，不会再重新执行函数。

相信大家都会有这样一个疑问，为什么计算属性需要进行缓存？假如有一个运算比较复杂的计算属性 A，A 里面需要遍历一个庞大的数组并且需要做大量的计算。如果此时刚好有其他计算属性依赖于 A，如果没有缓存该计算属性，那么每次都需要执行 A 里面的函数，这会极大地损耗性能。

如果不想对计算属性进行缓存，可以使用方法（methods）来代替，参考如下代码。

案例 5-2　methods 用法

```
<div id="app">
      {{ reversedMessage() }}
</div>
    <script>
      const app = new Vue({
        el: '#app',
        data() {
          return {
            message: 'Hello'
          }
        },
        methods: {
          reversedMessage() {
            return this.message.split('').reverse().join('')
          }
        }
      })
    </script>
```

我们将 computed 字段换为 methods 字段，这就是 Vue.js 里面定义的方法。在 methods 里可以定义多个方法函数，可以有返回值，也可以没有。在方法里可以对已经定义的 data 变量值进行操作。

5.1.4 计算属性 setter 和 getter

计算属性其实分为 setter 和 getter 两个属性，顾名思义 setter 是设置值，getter 是获取值。在正常使用计算属性的时候默认是只有 getter，不需要额外定义。但是我们可以在需要的时候设置 setter，用来在属性更新时触发。在 Vue 中我们通常使用 get 和 set 来定义 getter 和 setter，具体用法如下。

案例 5–3 计算属性 setter 的用法（案例位置：源码 \ 第 5 章 \ 源代码 \5.1.4.html）

```
<div id="app">
      <p>全名是：{{ firstName }}  {{ lastName }}</p>
</div>
    <script>
      const app = new Vue({
        el: '#app',
        data() {
          return {
            firstName: 'Kobe',
            lastName: 'Bryant'
          }
        },
        computed: {
          fullName: {
            get() {
              return this.firstName + ' ' + this.lastName
            },
            set(newName) {
              const names = newName.split(' ')
              this.firstName = names[0]
              this.lastName = names[names.length - 1]
            }
          }
        },
        created() {
          this.fullName = 'John Doe'
        }
      })
    </script>
```

在上面的代码中我们为 fullName 字段设置了一个 setter，当该字段的值发生变化时会自动调用 set 方法，然后将新的值进行拆分，分别赋值给 firstName 和 lastName 字段。代码在页面刚刚初始化的时候为 fullName 字段重新赋值，页面中输出的 firstName 和 lastName 也会同时发生变化。效果如图 5-2 所示。

全名是：John Doe

图 5-2　计算属性 setter 的用法

5.2　侦听器

虽然大多数情况下计算属性更方便使用，但是有时候需要使用自定义的侦听器（watch）。Vue.js 提供了一个 watch 选项来响应数据的变化，当需要在数据变化时执行异步操作或者开销比较大的操作时，通常使用 watch 更为合适。

在 watch 里对需要监听的属性设置方法，方法里有两个参数：一个是更新之后的值，另一个是更新之前的值。然后在方法里写一些其他的逻辑，需要注意的是每一次监听的值发生变化都会触发这个方法，所以 watch 需要慎用，否则会导致频繁调用，页面性能变差。

我们来改写上面计算属性 setter 的例子，使用 watch 来实现同样的效果。通过监听 fullName 字段的变化，获取改变后的 fullName 的值，再重新赋值给 firstName 和 lastName 字段。该方法的不同点在于事先要设置一个 fullName 字段，当 fullName 字段的值和修改后 fullName 字段的值不一样才会触发这个方法。具体代码如下所示。

案例 5-4　watch 的用法（案例位置：源码 \ 第 5 章 \ 源代码 \5.2.1.html）

```
<div id="app">
   <p>全名是：{{ firstName }}  {{ lastName }}</p>
</div>
    <script>
      const app = new Vue({
        el: '#app',
        data() {
          return {
            firstName: 'Kobe',
            lastName: 'Bryant',
            fullName: ''
          }
        },
        watch: {
          fullName(newVal, oldVal) {
            this.firstName = newVal.split(' ')[0]
            this.lastName = newVal.split(' ')[1]
          }
        },
        created() {
          this.fullName = 'John Doe'
```

```
        }
      })
```

另外，Vue.js 还提供了全局的 watch 方法。该方法有两个参数：第一个是观察的字段名，第二个是需要执行的函数。函数同样有两个参数：一个是改变后的值，另一个是改变前的值。详情可参考 Vue.js 官方文档的 API 说明。我们来改写一下案例 5-4 的代码实现全局的 watch 方法。

案例 5-5 全局的 watch 方法（案例位置：源码 \ 第 5 章 \ 源代码 \5.2.2.html）

```
<div id="app">
    <p>全名是：{{ firstName }}  {{ lastName }}</p>
</div>
    <script>
      const app = new Vue({
        el: '#app',
        data() {
          return {
            firstName: 'Kobe',
            lastName: 'Bryant',
            fullName: ''
          }
        },
        created() {
          this.fullName = 'John Doe'
          this.$watch('fullName', (newVal, oldVal) => {
            console.log(newVal)
            this.firstName = newVal.split(' ')[0];
            this.lastName = newVal.split(' ')[1];
          })
        }
      })
    </script>
```

5.3 计算属性和侦听器的比较

通过前面两节的介绍，相信大家对计算属性和侦听器的使用方法已经有了一个初步的了解，但是相信很多人仍然不清楚什么时候应该用计算属性，什么时候应该用侦听器。下面我们一起来看下它们之间的相同点和区别。

5.3.1 相同点

计算属性和侦听器都可以监听一个属性的变化，当属性值变化时自动执行一段代码逻辑。它们都是观察和响应 Vue.js 实例上的数据变动的方式，用来响应数据的变化。

5.3.2 区别

侦听器可以监听 data 中的属性，也可以监听计算属性中的属性。当属性变化时才会执行侦听器中的方法。侦听器能够获取属性变化之前与变化之后的值作为参数来进行一些逻辑运算，并且使用它是没有返回值的。

侦听器甚至可以监听路由的变化（第 11 章会讲到），在路由变化时执行一些代码逻辑操作。侦听器相对于计算属性更适合用于异步操作。

计算属性会依赖于另一个 data 中的属性，只要是它所依赖的属性值有变化，会自动重新调用一次计算属性。如果它所依赖的这些属性值没有发生改变，那么计算属性的值是从缓存中来的，而不用重新编译，性能就要高一些，所以 Vue.js 中尽可能使用计算属性替代侦听器。

计算属性通常需要一个返回值作为这个属性的值，我们一般只用到 getter 属性，而 setter 属性可以获取最新的属性值作为参数，然后执行一段代码逻辑。

综上所述，当需要一个变动的且逻辑复杂的值，或者需要多次使用这个值时，就用计算属性；当需要监控某个变量，在其改变后进行某些操作时，就用侦听器。计算属性可以作为 v-model 指令的值来绑定，而侦听器更类似于一个方法，可以在合适的时机调用。

5.4 小试牛刀

在输入文本框中输入数字后自动将其转换为两位小数

在页面上有一个输入文本框，只能输入数字，当输入不同数字时页面会将数字自动转换成两位小数（案例位置：源码\第 5 章\源代码\5.4.html）。

（1）准备一段 HTML 代码，并引入 vue.min.js。

（2）在页面上准备一个输入文本框，输入文本框只能输入数字。输入的数字通过计算属性进行计算，将数字乘以 2 加上 3 后再除以 4，将最终算出的结果呈现在页面上。代码如图 5-3 所示。

```
<div id="app">
  <input v-model.number="num" type="number" />
  {{ filterNum }}
</div>
<script src="https://unpkg.com/vue/dist/vue.min.js"></script>
<script>
  const app = new Vue({
    el: '#app',
    data() {
      return {
        num: 0
      }
    },
    computed: {
      filterNum() {
        if (this.num) {
            return (this.num * 2 + 3) / 4
        }
      }
    }
  })
```

图 5-3　小试牛刀示例代码

（3）页面最终呈现的效果如图 5-4 所示。

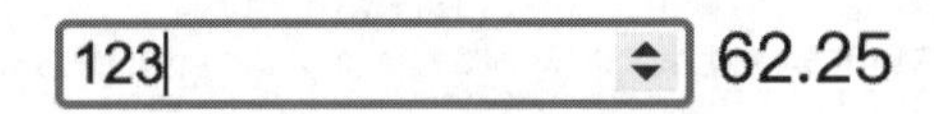

图 5-4　小试牛刀页面效果

本章小结

本章首先介绍了什么是计算属性、计算属性的使用方法、计算属性缓存，以及计算属性 setter 和 getter；接着介绍了侦听器，它可以通过观察某个属性值的变化来自动执行一个函数，甚至可以进行一些异步操作；最后我们对计算属性和侦听器进行了比较，了解它们各自的使用场景，以及二者的优缺点。

通过本章的学习，读者应该能在日常开发中熟练运用计算属性和侦听器。这两个 API 能很方便地自动执行一些业务逻辑操作，大大简化代码。我们不需要关心某个属性值是否变化，再来改变与之相关联的其他属性值，这使得我们可以更加专注于代码自身逻辑的开发，这通常非常有用。这两个功能在 Vue.js 的日常开发中使用得比较频繁，所以必须要掌握。

动手实践

学习完前面的内容，下面来动手实践一下吧（案例位置：源码\第 5 章\源代码\动手实践.html）。

在页面上有两个输入文本框，分别代表名字的姓和名，当没有输入姓时，名的输入文本框默认不能选择。不管是姓的输入文本框改变还是名的输入文本框改变都会在页面实时显示。事先定义好几个人的信息，当输入名时能实时查询这个人的年龄和性别信息，如果查到了就在页面上显示信息，如果没查到就显示没有查到信息。效果如图 5-5 和图 5-6 所示。

事先定义好的个人信息字段参考示例如下。这是一个数组，里面定义了几个对象，对象里有姓名、年龄和性别等几个字段。

```
persons: [
  { name: '宋小宝', age: 18, sex: '男'},
  { name: '王小利', age: 18, sex: '男'},
  { name: '小沈阳', age: 18, sex: '男'}
]
```

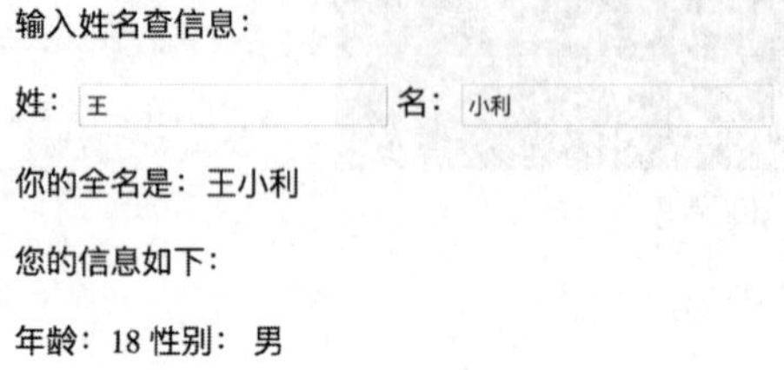

输入姓名查信息：

姓：王 名：小利

你的全名是：王小利

您的信息如下：

年龄：18 性别：男

图 5-5 查到了信息效果

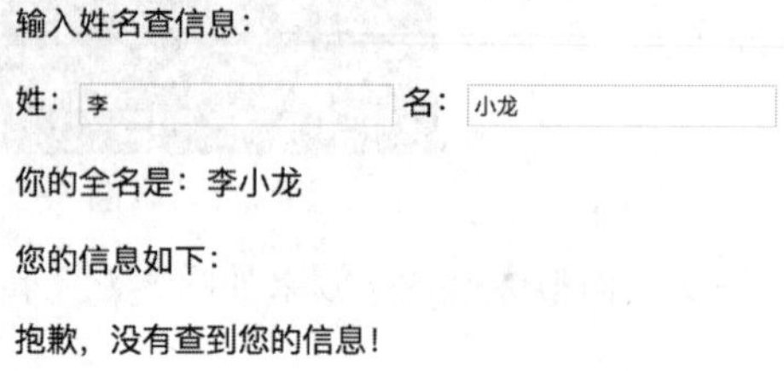

输入姓名查信息：

姓：李 名：小龙

你的全名是：李小龙

您的信息如下：

抱歉，没有查到您的信息！

图 5-6 没查到信息效果

动手实践代码如下：

```
<!DOCTYPE html>
<html lang="en">
  <head>
    <title>第 5 章动手实践 </title>
    <meta charset="UTF-8">
    <meta name="viewport" content="width=device-width, initial-scale=1">
  </head>
  <body>
    <div id="app">
      <p>输入姓名查信息：</p>
      <div>
          姓：<input v-model="firstName" placeholder="请输入姓">
          名：<input v-model="lastName" :disabled="firstName === ''"
placeholder="请输入名字">
      </div>
      <p>你的全名是：{{ fullName }}</p>
      <div>
        <p>您的信息如下：</p>
        {{ personInfo }}
      </div>
    </div>
    <script src="https://unpkg.com/vue/dist/vue.min.js"></script>
    <script>
      const app = new Vue({
        el: '#app',
```

```
        data() {
          return {
            persons: [
              { name: '宋小宝', age: 18, sex: '男'},
              { name: '王小利', age: 18, sex: '男'},
              { name: '小沈阳', age: 18, sex: '男'}
            ],
            firstName: '',
            lastName: '',
            personInfo: ''
          }
        },
        computed: {
          fullName() {
            return this.firstName + this.lastName
          }
        },
        watch: {
          lastName() {
           const info = this.persons.filter(item => item.name === this.fullName);
            if (info.length === 0 || !info) {
              this.personInfo = '抱歉，没有查到您的信息！'
              return
            }
            this.personInfo = `
              年龄：${info[0].age}
              性别：${info[0].sex}
            `
          }
        },
      })
    </script>
  </body>
</html>
```

第6章　动态绑定class与style

学习目标

- 了解动态绑定的原理
- 掌握动态绑定class的方法
- 掌握动态绑定style的方法

在 3.1.3 节给大家介绍过动态绑定数据的方法，即通过 v-bind 指令绑定变量，当变量的值变化时，页面上就会实时渲染最新的数据，使用非常方便。但是有时候我们也需要给元素动态设定样式，改变样式可以通过 class 和 style（内联样式）两种方法来实现，所以就可以通过动态绑定 class 或者动态绑定 style 来达到预期的效果。下面分别介绍一下这两种方法的使用方法。

两种元素绑定的方法很类似，因为它们都是属性，所以我们可以用 v-bind 指令处理它们，只需要通过表达式计算出字符串结果即可。不过，字符串拼接很麻烦并且容易出错，因此，在将 v-bind 指令用于 class 和 style 时，表达式结果的类型除了可以是字符串之外，还可以是对象或数组。

慕课视频

动态绑定 class 与 style

6.1　绑定 HTML class

每个 HTML 元素都可以用自己的 class 类名来定义各种各样的样式，这里我们介绍如何动态切换 class，即在不同的场景使用不同的 class 实现页面样式的切换。当然，绑定 class 的语法可以是对象也可以是数组，都能实现同样的效果。在不同的场景下我们可以自由选择对象类型，最终在页面上只会渲染出满足条件的 class。

6.1.1 用对象语法绑定 HTML class

对象里存放的是 key/value 键值对，其中，key 表示的是 class 的名称，value 表示的是 Vue.js 实例中定义的变量，如果该变量的值为 true 就会渲染这个类名，如果为 false 就不会渲染。可参考如下代码。

```
<div v-bind:class="{ active: isActive }"></div>
```

上面代码表示 active 这个类是否渲染取决于 isActive 这个变量的值是否为 true。isActive 的定义方法可以参考如下代码。

```
data: {
   isActive: true
}
```

当然，我们也可以在一个 class 中定义多个属性来切换多个类名，这其实就是在对象中定义多个键值对，在每个键值对里定义一个变量来控制该类名是否显示。可参考如下代码。

```
<div id="app">
       <div class="static" v-bind:class="{ active: isActive, danger:
hasError }"></div>
</div>
    <script src="https://unpkg.com/vue/dist/vue.min.js"></script>
    <script>
      const app = new Vue({
        el: '#app',
        data: {
          isActive: true,
          hasError: false
        }
      })
    </script>
```

上面的代码会默认将两个 class 里的类名进行合并，渲染成只有一个 active 的 class。因为有一个变量的值是 false，所以该变量不会被渲染，结果如下所示。

```
<div class="static active"></div>
```

当 hasError 的值变为 true 时，class 的列表会实时变为“static active danger”。当 isActive 的值变为 false 时，列表中的 active 类名会消失。

当然我们也可以把整个对象定义在 data 里，然后只要在绑定数据时绑定这个 data 里的字段就可以了，对于上面的例子，我们同样可以用下面的方法来实现（案例位置：源码\第 6 章\源代码\6.1.1.html）。

```
<div id="app">
      <div class="static" v-bind:class="classObj"></div>
</div>
```

```
    <script src="https://unpkg.com/vue/dist/vue.min.js"></script>
    <script>
      const app = new Vue({
        el: '#app',
        data: {
          classObj: {
            active: true,
            danger: false
          }
        }
      })
    </script>
```

当然，上面这种方法不是很常见，更为常见的方法是绑定一个返回对象的计算属性，这样当字段值改变时会进行实时计算，我们无须关心二者之间的联系。同时在计算属性里能进行复杂的逻辑运算，这是一种功能强大的模式。将上面的例子改写为绑定返回对象的计算属性可参考如下代码。

```
<div id="app">
      <div class="static" v-bind:class="classObj"></div>
</div>
    <script src="https://unpkg.com/vue/dist/vue.min.js"></script>
    <script>
      const app = new Vue({
        el: '#app',
        data: {
         isActive: true,
         error: null
        },
        computed: {
          classObj() {
            return {
                active: this.isActive && !this.error,
                  'text-danger': this.error && this.error.type === 'fatal'
            }
          }
        }
      })
    </script>
```

6.1.2 用数组语法绑定 HTML class

另外，还有一种采用数组语法绑定的方法，数组里存放的是定义好的变量名，变量的值对应的就是 class 的名字。当然，数组里可以有多个变量，每个变量对应一个 class。要采用数组语法绑定的方法实现上面的效果，可以参考下面的代码（案例位置：源码 \ 第 6 章 \ 源代码 \ 6.1.2.html）。

```
<div id="app">
  <div class="static" v-bind:class="[activeClass, errorClass]"></div>
</div>
  <script src="https://unpkg.com/vue/dist/vue.min.js"></script>
  <script>
    const app = new Vue({
      el: '#app',
      data: {
        activeClass: 'active',
        errorClass: 'text-danger'
      }
    })
  </script>
```

这里我们准备了一个数组，数组里 activeClass 和 errorClass 是在 data 里定义好的两个变量，它们的值是 'active' 和 'text-danger'，最后渲染出来就是这两个类名。

但是这样做似乎有一个缺点，就是无法动态切换这两个 class。其实要实现动态切换的效果，我们可以使用三元表达式做一个简单的判断。参考代码如下所示。

```
<div id="app">
   <div class="static" v-bind:class="[isActive ? activeClass : '', errorClass]"></div>
</div>
  <script src="https://unpkg.com/vue/dist/vue.min.js"></script>
  <script>
    const app = new Vue({
      el: '#app',
      data: {
        isActive: false
        activeClass: 'active',
        errorClass: 'text-danger'
      }
    })
  </script>
```

我们通过定义一个变量 isActive 来确定是否需要 activeClass 这个变量，当 isActive 为真时就

会渲染 'active' 这个 class，否则不会渲染。当我们在程序中改变 isActive 的值就会实现切换 class 的效果。

然而，如果有多个需要动态切换的 class，对它们都使用三元表达式会显得过于烦琐，我们可以在数组中使用对象语法来更加方便地操作。参考下面的代码，其实现效果和上面的代码一致。

```
<div id="app">
   <div class="static" v-bind:class="[{ isActive: activeClass },
errorClass]"></div>
</div>
  <script src="https://unpkg.com/vue/dist/vue.min.js"></script>
  <script>
    const app = new Vue({
      el: '#app',
      data: {
        isActive: false
        activeClass: 'active',
        errorClass: 'text-danger'
      }
    })
  </script>
```


6.1.3 在组件上使用

在开发时我们通常会把功能拆分为多个小组件，然后在大组件里引入需要的小组件，这就是我们通常所说的组件化开发。当我们在引入的组件上绑定 class 的时候，最终 class 的名称会被渲染到小组件的根节点上面，并且原有节点上的 class 不会被覆盖。

比如声明一个组件，组件的内容是一个 <p> 标签，<p> 标签上原本有两个 class 类名，即 foo 和 bar，然后在引入这个组件的时候又添加两个 class 类名，即 baz 和 boo，最终渲染出来的会是 4 个 class 类名。参考如下代码。

```
Vue.component('my-component', {
  template: '<p class="foo bar">Hi</p>'
})
<my-component class="baz boo"></my-component>
```

最终渲染出来是这样的。

```
<p class="foo bar baz boo">Hi</p>
```

当然，组件方式对于其他动态绑定 class 的方法也同样适用，例如将上面引入组件时的 class 类名改为动态绑定的方式，效果依旧一样。参考如下代码。

```
Vue.component('my-component', {
  template: '<p class="foo bar">Hi</p>'
})
```

```
<my-component v-bind:class="{ baz: isActive, boo: isActive }"></my-component>
```

当 isActive 变量的值为 true 时，baz 和 boo 两个 class 类名就会被渲染出来。

6.2 绑定 style（内联样式）

style（内联样式）是指在元素里面通过 <style> 标签设置一些作用于该元素的样式。同样地，绑定 style（内联样式）也分为对象语法绑定和数组语法绑定两种方式。不过需要注意的是，在 CSS 属性名是多个单词的情况下，属性名要采用驼峰式（camelCase）或短横线分隔（kebab-case，需要用单引号括起来）命名法来命名，否则会识别不了。

6.2.1 用对象语法绑定 style（内联样式）

绑定内联样式的对象语法绑定的方式和动态绑定 class 的方式有些相似，都是在对象里定义 key/value 键值对。key 代表的是属性名称，属性名称如果是多个单词则需要改写成驼峰式或用单引号括起来的短横线分隔的形式。value 是定义好的变量的值，最终渲染出来就是样式属性的值。需要注意的是，如果样式带有单位，则需要在该样式后面以字符串拼接的方式加上单位。具体示例可参考如下代码（案例位置：源码 \ 第 6 章 \ 源代码 \6.2.1.html）。

```
<div id="app">
  <div :style="{color: activeColor, fontSize: fontSize + 'px'}"></div>
</div>
<script src="https://unpkg.com/vue/dist/vue.min.js"></script>
<script>
  const app = new Vue({
    el: '#app',
    data: {
      activeColor: 'red',
      fontSize: 30
    }
  })
</script>
```

同样，我们可以直接绑定一个对象，在对象中写入需要添加的 CSS 属性，参考代码如下所示。

```
<div id="app">
  <div :style="styleObj"></div>
</div>
<script src="https://unpkg.com/vue/dist/vue.min.js"></script>
<script>
  const app = new Vue({
```

```
    el: '#app',
    data: {
      styleObj: {
      fontSize: '20px',
      color: 'red'
    }
  }
  })
</script>
```

采用这种方法最终渲染出来的效果和之前的一样，但是不太推荐使用这种方法，更为普遍的方法是通过计算属性来实现样式属性的实时更新。参考代码如下。

```
<div id="app">
  <div :style="styleObj"></div>
</div>
<script src="https://unpkg.com/vue/dist/vue.min.js"></script>
<script>
  const app = new Vue({
    el: '#app',
    computed: {
      styleObj() {
          return {
            fontSize: '20px',
            color: 'red'
          }
      }
  }
  })
</script>
```


6.2.2 用数组语法绑定 style（内联样式）

通过数组绑定 style 也可以实现上面代码的效果，通常我们把需要绑定的 CSS 样式提前声明好，然后在数组里引入声明好的字段即可。需要注意的是，所有的样式属性渲染时会实现拼接，如果有重复的样式属性，后面的重复了的样式属性的值会替换前面的值。使用方法参考如下代码（案例位置：源码 \ 第 6 章 \ 源代码 \6.2.2.html）。

```
<div id="app">
  <div :style="[baseStyles, overrideStyles]">测试</div>
</div>
<script src="https://unpkg.com/vue/dist/vue.min.js"></script>
<script>
```

```
  const app = new Vue({
    el: '#app',
    data: {
      baseStyles: {
        color: 'red',
        fontSize: '20px'
      },
      overrideStyles: {
        fontSize: '16px',
        background: 'green'
      }
    }
  })
</script>
```

上面的代码定义了两段样式内容，有一个重复的属性 fontSize，由于 overrideStyles 在 baseStyles 后被引用，所以后面的 fontSize 的值会替换掉前面的，最终渲染出来的结果如下所示。

```
<div style="color: red; font-size: 16px; background: green;">Hi</div>
```

6.2.3 多重值使用

最新的 Vue.js 版本增加了一个绑定多重值的功能，这个功能通常在带有多个前缀的 CSS 属性上使用。我们只需要在绑定的 CSS 属性的值里添加一个数组，数组里带有多个前缀的值，最终浏览器会只渲染最后一个被支持的值。使用方法参考如下代码（案例位置：源码\第 6 章\源代码\6.2.3.html）。

```
<div id="app">
  <div :style="{ display: ['-webkit-box', '-ms-flexbox', 'flex'] }"></div>
</div>
<script src="https://unpkg.com/vue/dist/vue.min.js"></script>
<script>
  const app = new Vue({
    el: '#app'
  })
</script>
```

上面的代码为 display 设置了 3 个值，分别是 -webkit-box、-ms-flexbox 和 flex。使用 Firefox 浏览器打开，虽然浏览器支持 -ms-flexbox 和 flex 两个属性值，但是最终在浏览器上只会渲染出 flex，因为后面的会默认替换前面的值。渲染效果如下所示。

```
<div style="display: 'flex';"></div>
```

6.3 小试牛刀

通过 class 和 style（内联样式）为“Hello,Vue”设置颜色和字体大小

利用 class 绑定和 style（内联样式）绑定两种方式给页面添加不同的样式，设置页面上“Hello,Vue”文字的颜色为红色、大小为 20px（案例位置：源码 \ 第 6 章 \ 源代码 \6.3.html）。

（1）准备一段 HTML 代码，并引入 vue.min.js。

（2）在 data 中增加一个颜色字段，值设置为红色。

（3）事先在样式中准备一个字体大小为 20px。

（4）在代码中绑定对应的 style（内联样式）和 class 样式名称。

代码如图 6-1 所示，效果如图 6-2 所示。


```
1  <!DOCTYPE html>
2  <html lang="en">
3  <head>
4    <title>Hello World</title>
5    <meta charset="UTF-8">
6    <meta name="viewport" content="width=device-width, initial-scale=1">
7    <style>
8      .fontSize {
9          font-size: 20px;
10     }
11   </style>
12 </head>
13 <body>
14 <div id="app">
15   <div :style="{color: color}" :class="{fontSize: true}">Hello, Vue</div>
16 </div>
17 <script src="https://unpkg.com/vue/dist/vue.min.js"></script>
18 <script>
19   const app = new Vue({
20     el: '#app',
21     data() {
22         return {
23             color: 'red'
24         }
25     }
26   })
27 </script>
28 </body>
29 </html>
30
```

图 6-1　小试牛刀示例代码

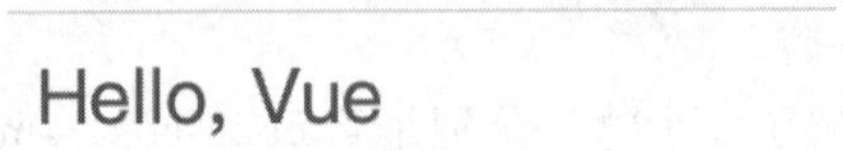

Hello, Vue

图 6-2　小试牛刀效果

本章小结

本章主要介绍了动态绑定 class 和 style（内联样式）的方法。由于 CSS 在前端开发中占有举足轻重的地位，所以掌握了这两种方法，我们就可以在 Vue.js 中便捷地操作 CSS，这对以后页面的美化和一些特效的制作是非常有帮助的。

动态绑定主要有两种方式：一种是对象语法绑定，另一种是数组语法绑定。两种方式的选择主要针对实际情况来进行，两种方式都有各自的特色。

通过本章的学习，读者需要熟练掌握在 Vue.js 中操作 CSS 的方法，这些方法在以后项目开发过程中的使用得较为频繁，也是 Vue.js 中关于 CSS 为数不多的知识点。

动手实践

学习完前面的内容，下面来动手实践一下吧（案例位置：源码\第 6 章\源代码\动手实践.html）。

我们在页面上放一个下拉列表框，向其中放入几个城市的信息，选择某个城市时实时在页面上显示出该城市的名称，并且城市名称的颜色要根据选择的城市进行变化。例如有 3 个城市：北京、上海、南京。选择“北京”时，“北京”的颜色是红色；选择“上海”时，“上海”的颜色是蓝色；选择“南京”时，“南京”的颜色是绿色。

同时在页面上放一个按钮，点击按钮时，将下拉列表框和显示城市名称的 div 的背景颜色改为紫色，同时将字体颜色改为白色，将字体大小改为 16px。

默认选中的城市是南京，默认字体颜色是黑色，默认背景颜色是白色，默认字体大小是 14px。

城市字段的定义方式可参考如下代码。

```
// 城市信息
citys: [
    {
        name: '南京',
        code: 'nanjing'
    },
    {
        name: '北京',
        code: 'beijing'
    },
    {
        name: '上海',
        code: 'shanghai'
    }
 ]
```

默认展示的效果如图 6-3 所示，选择的城市改变后的效果如图 6-4 所示，点击“改变样式”按钮后的效果如图 6-5 所示。

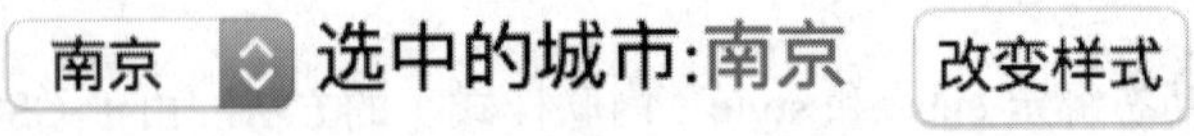

图 6-3　默认展示的效果

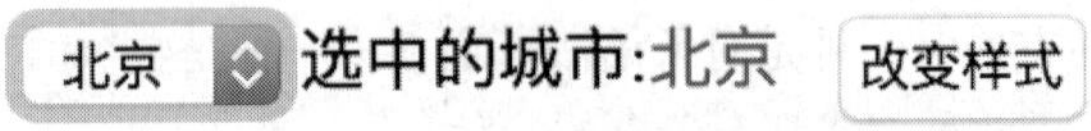

图 6-4　选择的城市改变后的效果

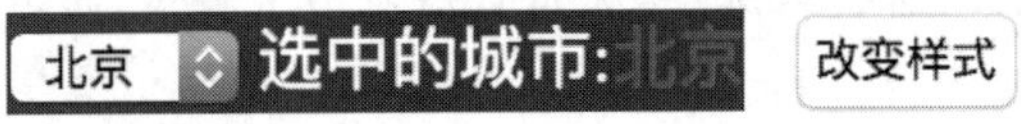

图 6-5　点击“改变样式”按钮后的效果

动手实践代码如下：

```
<!DOCTYPE html>
 <html lang="en">
  <head>
    <title>第 6 章动手实践 </title>
    <meta charset="UTF-8">
    <meta name="viewport" content="width=device-width, initial-scale=1">
    <style>
      .active-nanjing{
        color: green;
      }
      .active-beijing{
        color: red;
      }
      .active-shanghai{
        color: blue;
      }
    </style>
  </head>
  <body>
    <div id="app">
        <div style="float: left;" :style="{background: currentBgColor,
fontSize: currentFontSize, color: currentColor}">
        <select v-model="selectedValue">
          <option
                v-for="(city, index) in citys"
                :key="index"
```

```
                :value="city.code">
            {{city.name}}</option>
        </select>
        选中的城市 :<span :class="activeClass">{{selectedCity}}</span>
      </div>
      <button @click="change" style="padding: 3px 0; margin-left: 10px;">
改变样式 </button>
    </div>
    <script src="https://unpkg.com/vue/dist/vue.min.js"></script>
    <script>
      const app = new Vue({
        el: '#app',
        data() {
          return {
            selectedValue: 'nanjing', // 下拉框选中的值
            currentBgColor: '#fff', // 当前的背景颜色
            currentColor: '#000', // 当前的字体颜色
            currentFontSize: '14px', // 当前的字体大小
            // 城市信息
            citys: [
              {
                name: ' 南京 ',
                code: 'nanjing'
              },
              {
                name: ' 北京 ',
                code: 'beijing'
              },
              {
                name: ' 上海 ',
                code: 'shanghai'
              }
            ]
          }
        },
        computed: {
          // 选中的城市，过滤出名称
          selectedCity() {
            return this.citys.filter(item => item.code === this.selectedValue)
[0].name
          },
```

```
          // 根据选择的城市来实时改变绑定的 class 名称
          activeClass() {
            if(this.selectedValue === 'nanjing') {
              return 'active-nanjing'
            } else if (this.selectedValue === 'beijing') {
              return 'active-beijing'
            } else if(this.selectedValue === 'shanghai') {
              return 'active-shanghai'
            } else {
              return ''
            }
          }
        },
        methods: {
          // 改变背景颜色和字体大小及颜色的方法
          change() {
            this.currentBgColor = 'purple';
            this.currentFontSize = '16px';
            this.currentColor = '#fff';
          }
        }
      })
    </script>
  </body>
</html>
```

第7章 Vue.js事件处理

学习目标

- 掌握绑定事件处理的方法
- 掌握事件修饰符的使用方法
- 掌握按键修饰符和系统修饰键的使用方法

前面介绍了动态绑定属性及数据双向绑定的方法，事实上我们甚至可以监听 DOM 事件，并在触发时运行一些 JavaScript 代码。在代码逻辑较为复杂的时候，可以将代码写到一个方法里面，然后触发这个方法，执行相关的代码，这个过程就是事件处理。

当然 Vue.js 中还提供了很多的修饰符，方便我们在各种场景下对代码逻辑进行简化处理。比如监听时只触发一次方法、阻止默认事件冒泡、监听系统键盘不同按键时触发方法等，都为我们在日常编码过程中提供了很大的便利。

慕课视频

Vue.js 事件处理

7.1 如何使用事件处理方法

通常我们使用 v-on 指令来监听 DOM 的常用事件，例如 click 事件，即当在绑定 v-on 指令的元素上点击时便会触发绑定的方法或者是绑定的 JavaScript 代码。

7.1.1 监听事件

监听事件时使用 v-on 指令，指令冒号后面是事件的名称，通常这些事件名称都是原生 DOM 的事件名称，例如点击事件、键盘事件等。触发事件时可以运行一些 JavaScript 代码，参考如下示例。

```
<div id="example-1">
  <button v-on:click="counter += 1">Add 1</button>
  <p>The button above has been clicked {{ counter }} times.</p>
</div>
```

上面的代码表示给按钮绑定一个点击事件，当点击按钮时触发 "counter += 1"，每点击一次，counter 都会加 1。counter 默认是 0，页面上会实时渲染出 counter 的值，定义如下。

```
var example1 = new Vue({
  el: '#example-1',
  data: {
    counter: 0
  }
})
```


7.1.2 事件处理方法

像上面那样直接使用 v-on 绑定一句 JavaScript 代码的方式并不是很常见，通常的做法是先绑定一个方法名，然后触发这个方法，执行方法里所有的代码。

参考代码如下（案例位置：源码 \ 第 7 章 \ 源代码 \7.1.2.html）。

```
<div id="app">
      <div id="example-2">
        <!-- greet 是在下面定义的方法名 -->
        <button v-on:click="greet">Greet</button>
      </div>
    </div>
    <script src="https://unpkg.com/vue/dist/vue.min.js"></script>
    <script>
      const app = new Vue({
        el: '#app',
        data: {
          name: 'Vue.js'
        },
        // 在 methods 对象中定义方法
        methods: {
          greet (event) {
            // this 在方法里指向当前 Vue.js 实例
            alert('Hello ' + this.name + '!')
            // event 是原生 DOM 事件
            if (event) {
              alert(event.target.tagName)
            }
```

```
        }
      }
    })
  </script>
```

在上面的代码中，我们事先在 methods 中定义了一个 greet 方法，然后在按钮上使用 v-on 绑定 click 事件，当点击按钮的时候会触发 greet 方法。在 v-on 后面绑定方法名的时候可以加括号也可以不加括号。在 greet 方法中有一个参数 event，它是原生的 event 事件，默认会作为参数传递给方法进行调用。

7.1.3 方法传递参数

7.1.2 节介绍了以默认会传递原生事件的 event 作为参数的方法，当然我们也可以传递自定义的参数，只需要在调用方法时把参数加在里面即可。此时调用方法必须使用有括号的形式，参数可以是一个或多个。参考如下代码（案例位置：源码 \ 第 7 章 \ 源代码 \7.1.3.1.html）。

```
<div id="app">
  <button v-on:click="say('hi')">Say hi</button>
  <button v-on:click="say('what')">Say what</button>
</div>
<script src="https://unpkg.com/vue/dist/vue.min.js"></script>
<script>
  const app = new Vue({
    el: '#app',
    methods: {
      say: function (message) {
        alert(message)
      }
    }
  })
</script>
```

从上面的代码里可以看出，我们在调用 say 方法时传递了一个参数，当执行 say 方法时会弹出传递过来的参数信息。

有时候我们需要在传递自定义方法的同时访问原生的 DOM 事件，我们再调用方法时需要在最后额外添加一个参数 $event。$event 代表原生事件，在接收方法时，这个参数就代表原生事件的参数。参考如下代码（案例位置：源码 \ 第 7 章 \ 源代码 \7.1.3.2.html）。

```
<div id="app">
  <button v-on:click="warn('Form cannot be submitted yet.', $event)">
    Submit
  </button>
</div>
```

```
<script src="https://unpkg.com/vue/dist/vue.min.js"></script>
<script>
  const app = new Vue({
    el: '#app',
    data: {
    },
    warn(message, event) {
      // 现在我们可以访问原生事件对象
      if (event) event.preventDefault()
      alert(message)
    }
  })
</script>
```


7.1.4 v-on 简写

在 Vue.js 中，v-on 可以简写为 @，只需要在绑定的事件名称前面加一个 @ 即可。上面的代码可改写成如下形式。

```
<div id="app">
  <button @click="warn('Form cannot be submitted yet.', $event)">
    Submit
  </button>
</div>
<script src="https://unpkg.com/vue/dist/vue.min.js"></script>
<script>
  const app = new Vue({
    el: '#app',
    data: {
    },
    warn(message, event) {
      // 现在我们可以访问原生事件对象
      if (event) event.preventDefault()
      alert(message)
    }
  })
<script>
```

7.2 事件修饰符

在日常开发中我们经常会遇到多种场景，例如在事件处理程序中调用 event.preventDefault() 或 event.stopPropagation()。我们可以在方法中加上两句代码来实现这些需求，但是更好的做法是在方法里只包含纯粹的数据逻辑，而不是处理过多的 DOM 事件。Vue.js 给我们提供了许多事件修饰符，只要在绑定的事件名称后面加上不同的事件修饰符就能够满足不同场景下的不同需求。

对于所有的修饰符，都在绑定的事件名称后面加上"."和修饰符名称，绑定的事件名称还能正常使用。

7.2.1 .stop 修饰符

.stop 修饰符代表 event.stopPropagation()，加上这个修饰符，就等于在方法中加上了这句代码。

```
<!-- 阻止单击事件继续传播 -->
<a @click.stop="doThis"></a>
```

上面的代码等同于如下代码。

```
<!-- 阻止单击事件继续传播 -->
doThis(event) {
 event.stopPropagation()
}
```

7.2.2 .prevent 修饰符

.prevent 修饰符代表 event.preventDefault()，加上这个修饰符，就等于在方法中加上了这句代码。例如提交 submit 事件后会触发自动刷新页面，但是加了这个修饰符之后就不会再触发。

```
<!-- 提交事件不再重载页面 -->
<form @submit.prevent="onSubmit"></form>
```

上面的代码等同于如下代码。

```
<!-- 提交事件不再重载页面 -->
onSubmit (event) {
 event.preventDefault()
}
```

7.2.3 .capture 修饰符

在事件监听器中通常有 3 个参数：监听的事件名称、回调函数和是否设置 capture。所谓的 capture 就是指在事件捕获阶段监听还是在冒泡阶段监听，将其设置为 true 表示在捕获阶段监听，设置为 false 表示在冒泡阶段监听。

```
<!-- 正常的监听函数 -->
element.addEventListener(<event-name>, <callback>,{
    capture: false,
    passive: false,
    once: false
});
```

设置 .capture 修饰符就代表在捕获阶段监听，不设置该修饰符则代表在冒泡阶段监听。所谓捕获阶段是指先执行点击元素自身的事件，再从外到里依次执行元素内部的事件。而冒泡阶段是指先执行内部元素的事件，再由里向外执行父级元素的事件。示例如下。

```
<!-- 添加事件监听器时使用事件捕获模式 -->
<!-- 即元素自身触发的事件先在此处理，然后才交由内部元素进行处理 -->
<div v-on:click.capture="doThis">...</div>
```


上面的代码等同于如下代码。

```
<div ref="div">...</div>
const app = new Vue({
    el: '#app',
    mounted(){
        this.$refs.div.addEventListener('click', doThis, {capture: true})
}
  })
```

7.2.4　.self 修饰符

一般事件处理机制是由内向外冒泡触发的，内部元素触发事件后会依次触发它的父级元素的相同事件，但是如果在父级元素上加了 .self 修饰符，内部元素的事件就不会冒泡到父级元素了。只有当父级元素自身触发事件时才会执行绑定的方法。具体用法参考如下代码。

```
<!-- 只当在 event.target 是当前元素自身时触发处理函数 -->
<!-- 即事件不是从内部元素触发的 -->
<div @click.self="doThat">...</div>
```

7.2.5　.once 修饰符

一般在绑定事件时只要满足条件就会触发绑定的方法，但是加了 .once 修饰符后只会触发一次，以后就算再满足条件也不会触发。具体用法参考如下代码。

```
<!-- 点击事件将只会触发一次 -->
<a v-on:click.once="doThis"></a>
```

上面的代码等同于如下代码。

```
<div ref="div">...</div>
const app = new Vue({
    el: '#app',
    mounted(){
       this.$refs.div.addEventListener('click', doThis, {once: true})
    }
})
```

7.2.6 .passive 修饰符

通常在监听事件的时候，只有当监听事件的方法执行完成后才会执行默认的操作。例如执行滚动操作，当监听页面的滚动事件时，只有当方法执行过程结束后页面才会滚动，但当在移动端时就会造成滚动卡顿的现象。

添加 .passive 修饰符，等于告诉浏览器不需要等到方法执行完成后再去触发滚动事件，而是立刻触发。这样可以提升移动端性能，为用户带来流畅的操作体验，因此 .passive 修饰符在移动端的使用较为常见。具体用法参考如下代码。

```
<!-- 滚动事件的默认行为（即滚动行为）会立即触发 -->
<!-- 而不会等待 onScroll 完成  -->
<!-- 这其中包含 event.preventDefault() 的情况 -->
<div v-on:scroll.passive="onScroll">...</div>
```

上面的代码等同于如下代码。

```
<div ref="div">...</div>
const app = new Vue({
    el: '#app',
    mounted(){
       this.$refs.div.addEventListener('scroll', onScroll, {passive: true})
    }
})
```

修饰符可以串联使用。串联使用时，修饰符的顺序很重要，默认是从第一个修饰符开始依次执行到最后一个修饰符。如果后面的修饰符和前面的修饰符冲突，默认以前面的修饰符效果为准。

7.3 按键修饰符

在监听键盘事件的时候，我们通常需要检查按键的键值。同样，Vue.js 为我们提供了监听键盘的按键修饰符，而常用的监听事件有 keyup 和 keydown，在触发事件的后面可以添加按键修饰符。按键修饰符可以是键值编码，也可以是按键的别名。

7.3.1 键值编码修饰符和按键修饰符别名

键值编码修饰符的具体使用方法如下。

```
<!-- 只有在 keyCode 是 13 时调用 vm.submit() -->
<input @keyup.13="submit">
```

上面的代码表示按下键值编码是 13 的键后，按键抬起时触发 submit 方法。

由于键值编码较多，记住所有的键值编码不太现实，所以 Vue.js 给我们提供了几个常用的按键修饰符别名，这样我们在使用时就会比较方便。

常用的按键修饰符别名如下。

.enter：Enter 键。

.tab：Tab 键。

.delete：Delete 键。

.esc：Esc 键。

.space：Space 键。

.up：上方向键。

.left 和 .right：左、右方向键。

将上面的代码中键值编码以按键修饰符别名替代，代码如下。

```
<!-- 只有在 keyCode 是 13 时调用 vm.submit() -->
<input @keyup.enter="submit">
```

7.3.2 自定义按键别名

由于 Vue.js 默认只提供几个常用的按键修饰符别名，对于其他按键，我们可以自己定义按键修饰符别名。通过全局 config.keyCodes 对象自定义按键修饰符别名，例如设置别名 f1 对应的键值编码是 112。

```
// 可以使用 v-on:keyup.f1
Vue.config.keyCodes.f1 = 112
```

如果按键修饰符的别名是多个单词，则必须转化为 kebab-case 的命名规则来显示，例如使用 <input @keyup.page-down="onPageDown"> 可以将 pageDown 转化为 page-down。

7.4 系统修饰键

系统修饰键也是按键修饰符的一种，可以用来监听鼠标和部分系统按键的事件。当点击键盘部分系统键或者鼠标的左右键时会默认触发对应按键修饰符绑定的事件。

7.4.1 键盘修饰键

Vue.js 提供了几个默认的系统键的键盘修饰键，包括 .ctrl、.alt、.shift、.meta。当按下相应的键时会触发修饰键绑定的事件。也有组合键的键盘修饰键，例如 Alt+C 组合键的键盘修饰键就是 .alt.67。

在 macOS 的键盘上，.meta 对应 Command 键；在 Windows 操作系统的键盘上，.meta 对应 Windows 徽标键；在其他特定键盘上，尤其 MITLisp 计算机的键盘及其后继产品，比如 Knight 键盘、space-cadet 键盘，meta 被标记为 META；在 Symbolics 键盘上，meta 被标记为 META 或者 Meta。

具体用法参考如下代码。

```
<!-- Alt + C -->
<input @keyup.alt.67="clear">

<!-- Ctrl + Click -->
<div @click.ctrl="doSomething">Do something</div>
```

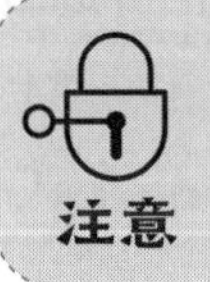

修饰键与常规按键不同，在和 keyup 事件一起使用时，事件触发时修饰键必须处于按下状态。换句话说，只有在按住 Ctrl 的情况下释放其他按键才能触发 keyup.ctrl，而单独释放 Ctrl 不会触发事件。如果你想这样，请为 Ctrl 换用 keyCode:keyup.17。

7.4.2 鼠标修饰键

鼠标修饰键包括 .left、.middle、.right 这 3 个，主要对应鼠标左键、中键和右键的触发事件。当点击相应使用修饰键绑定的鼠标按键时便会触发后面监听的方法。具体用法参考如下代码。

```
<!-- 点击鼠标左键触发方法 -->
<input @click.left="clear">
<!-- 点击鼠标右键触发事件，并阻止默认右键菜单 -->
<!--<div @contextmenu.prevent="divEvent"> 点击鼠标右键触发事件 </div>-->
```

7.4.3 .exact 修饰键

.exact 修饰键允许我们控制由精确的系统修饰键组合触发的事件。默认情况下，当按键包含系统修饰键的时候就会触发监听事件，而不会局限于只有按下绑定的系统修饰键才触发事件。如果有些场景需要精确到按下某一个绑定的系统修饰键时才能触发，就需要使用到 .exact 修饰键。

.exact 修饰键默认放在其他修饰符的后面。参考下面的代码。

```
<!-- 即使 Alt 键或 Shift 键被一同按下时也会触发 -->
<button @click.ctrl="onClick">A</button>

<!-- 有且只有 Ctrl 键被按下的时候才触发 -->
<button @click.ctrl.exact="onCtrlClick">A</button>
```

```
<!-- 没有任何系统修饰键被按下的时候才触发 -->
<button @click.exact="onClick">A</button>
```

7.5 小试牛刀

按住 Shift 键并用鼠标左键点击按钮，弹出“点击成功”提示

给按钮添加点击事件，按住 Shift 键的同时点击鼠标左键生效，并且只有第一次点击生效，弹框提示“点击成功”（案例位置：源码 \ 第 7 章 \ 源代码 \7.5.html）。

（1）准备一段 HTML 代码，并引入 vue.min.js。

（2）在代码中准备一个 <button> 标签按钮，并在按钮上绑定点击事件，同时将 .shift 和 .once 修饰符绑定在点击事件之后，点击事件的名称为 clickBtn。

（3）在 methods 中准备好 clickBtn 方法，并进行弹出提示。

代码如图 7-1 所示，效果如图 7-2 所示。

```
1  <!DOCTYPE html>
2  <html lang="en">
3  <head>
4    <title>Hello World</title>
5    <meta charset="UTF-8">
6    <meta name="viewport" content="width=device-width, initial-scale=1">
7  </head>
8  <body>
9  <div id="app">
10   <button @click.shift.once="clickBtn">
11     点击
12   </button>
13 </div>
14 <script src="https://unpkg.com/vue/dist/vue.min.js"></script>
15 <script>
16   const app = new Vue({
17     el: '#app',
18     methods: {
19       clickBtn() {
20         alert('点击成功')
21       }
22     }
23   })
24 </script>
25 </body>
26 </html>
27
```

图 7-1　小试牛刀示例代码

此网页显示

点击成功

确定

图 7-2　小试牛刀效果

本章小结

本章主要介绍了绑定事件的方法以及如何在调用方法时传递参数，默认事件会固定传递$event作为参数。由于v-on指令在开发过程中比较常用，所以增加了简写的方法。其次介绍了常用事件修饰符，巧妙地使用事件修饰符能为我们在不同场景下的编码提供便利。最后介绍了常用的按键修饰符和系统修饰键的使用方法，通过使用按键修饰符和系统修饰键，我们能够监听键盘和鼠标的点击事件，包括监听键盘组合键。

通过本章的学习，读者需要熟练掌握监听事件的方法，以及各种修饰符的使用方法。这在以后的项目开发中比较常用，而且在不同的场景下使用不同的修饰符会大大提升代码的质量与运行效率。

动手实践

学习完前面的内容，下面来动手实践一下吧（案例位置：源码/第7章/源代码/动手实践.html）。

我们在页面上放一个<input>输入文本框，在输入文本框中输入内容，当按Enter键或者按Ctrl+C组合键时，输入文本框中的内容会展示在下方列表的超链接中，输入文本框中的内容成为超链接的文字后，清空输入文本框中的内容。当点击超链接时，阻止链接的跳转，同时依次触发链接父元素的事件，再触发链接自身的事件。

默认在输入文本框中输入内容的效果如图7-3所示，按Enter键或Ctrl+C组合键后的效果如图7-4所示，点击链接后在F12的Console控制台中会输出如图7-5所示的内容，点击蓝色文字后输出内容的效果如图7-6所示。

图7-3　默认在输入文本框中输入内容的效果

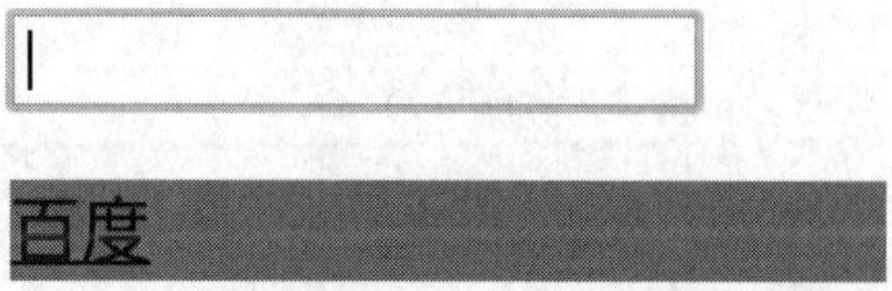

图7-4　按Enter键或Ctrl+C组合键后的效果

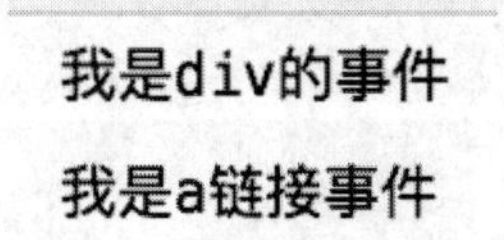

图7-5　点击链接输出内容

图7-6　点击蓝色文字输出内容

动手实践代码如下：

```
<!DOCTYPE html>
<html lang="en">
<head>
  <meta charset="UTF-8">
  <title>第 7 章动手实践 </title>
</head>
<body>
<div id="demo">
  <input
  type="text" v-model="inputData" @keyup.enter="submit" @keyup.ctrl.67.
exact="submit">
  <div @click.capture="divEven" style="background:#188eee; width: 200px;">
    <p v-for="(item, index) in dataList" :key="index">
      <a href="www.baidu.com" @click.prevent="aEven" >{{ item }}</a>
    </p>
  </div>
</div>

<script src="https://unpkg.com/vue/dist/vue.min.js"></script>

<script>
  new Vue({
    el:"#demo",
    data: {
      inputData: '',
      dataList: []
    },
    methods:{
      submit() {
        this.dataList.push(this.inputData);
        this.inputData = ''
      },
      divEven(){
        console.log(" 我是 div 的事件 ");
      },
      aEven(){
        console.log(" 我是 a 链接事件 ");
      }
    }
  });
</script>
</body>
</html>
```

第2篇 Vue.js 深入与提高

第8章　深入了解组件

学习目标

- 了解自定义组件的注册与使用方法
- 掌握slot插槽的使用方法
- 掌握父子组件之间的数据传递方法

前面主要介绍了 Vue.js 的基础使用方法，包括如何用 Vue.js 进行数据双向绑定、如何动态绑定属性值和如何绑定事件等。这些都是 Vue.js 的核心与基础，掌握这些知识，我们就可以进行简单的 Vue.js 页面开发。但在实际项目开发过程中，我们所遇到的业务逻辑是非常复杂的，仅靠这些基础知识是无法应对这些场景的，这就需要我们在之前的基础上再进一步深入学习 Vue.js 的知识，武装自己，才能披荆斩棘、一路前行。

从这一章开始，我们要深入讲解 Vue.js 的其他高级知识，如果之前所学的是基础，那从现在开始学习的就是进阶内容，理解起来可能会有一定的难度，但是只要我们多学多练，就一定可以掌握。

8.1 组件的注册

Vue.js 框架的特点之一就是组件化开发，我们可以将一个项目先拆分为多个模块，再将每个模块拆分为多个组件，组件可以重复使用。这样做能够提高代码维护工作的质量，降低维护成本。如果一个组件需要在多个地方使用到，我们不必再写重复的代码，只要将组件引入即可。

慕课视频

深入了解组件（一）

例如一个网页有头部、底部，有左边、右边，我们在开发网页的时候可以将网页一块一块地拆分为多个组件，每个组件互不影响，最终在总的页面将各个组件分别引入，构成整个网页。通常，高度封装一个组件，以减少彼此之间的耦合性，是高质量代码的体现。

注册一个组件或者自定义一个组件有两种方式，一种是全局注册，另一种是局部注册。两种方式大同小异，唯一的区别在于两者的使用方式不同。全局注册是一次注册后，在项目工程下的任何位置都可以使用，局部注册则需要引入后声明方可使用。

8.1.1 组件的命名

每个组件都需要用一个名字来声明自己，组件通常使用 kebab-case 或者帕斯卡命名法（PascalCase）命名。

使用 kebab-case 命名示例如下。

```
Vue.component('my-component-name', { /* ... */ })
```

使用 PascalCase 命名示例如下。

```
Vue.component('MyComponentName', { /* ... */ })
```

当使用 PascalCase 命名一个组件时，你在引用这个自定义元素时两种命名法都可以使用。也就是说 <my-component-name> 和 <MyComponentName> 都是可接受的。但是，直接在 DOM 中使用时只有用 kebab-case 命名的组件是有效的。

在如下例子中定义一个 <button-counter> 组件。我们可以在一个通过 new Vue 创建的 Vue.js 根实例中，把这个组件作为自定义元素来使用。

```
// 定义一个名为button-counter 的新组件
Vue.component('button-counter', {
  data: function () {
    return {
      count: 0
    }
  },
  template: '<button v-on:click="count++">You clicked me {{ count }}
times.</button>'
})
```

使用的时候我们只需要按如下方法调用即可。

```
<div id="components-demo">
  <button-counter></button-counter>
</div>
new Vue({ el: ' #components-demo' })
```

8.1.2 全局注册

全局注册是指使用 Vue.component 来创建组件，注册后的组件被全局注册，注册之后可以在任何新创建的 Vue.js 根实例的模板中使用，即使在各自组件内部也可以随意使用，没有任何使用范围的限制。全局注册参考如下示例。

```
Vue.component('my-component-name', {
  // 选项
})
```

Vue.component 可接收两个参数，第一个参数是组件名称，第二个参数是一个对象，对象里定义的内容与 Vue.js 实例化过程中的选项一样。因为组件是可复用的 Vue.js 实例，所以它们与 new Vue 接收相同的选项，例如 data、computed、watch、methods 及生命周期钩子函数等，仅有的例外是根实例特有的选项，如 el、template 字段。在 template 字段里面可以写入 HTML 标签，最终在被引入的组件中会渲染出 template 中的内容。

使用组件时直接在 HTML 模板里引用注册组件的名称作为 HTML 标签即可，这样最终在页面中渲染出来就是自定义组件中的 template 字段。

示例代码参考如下。

```
<div id="app">
  <my-component-name ></my-component-name >
</div>
```

8.1.3 局部注册

全局注册虽然比较方便，但是通常不推荐使用。比如，如果你使用 webpack 构建系统，使用全局注册意味着即便你已经不再使用组件，它仍然会被包含在你最终的构建系统中。这会造成用户下载的 JavaScript 的无谓增加。

因此，使用局部注册更加常见。我们可以通过一个普通的 JavaScript 对象来定义组件。

示例代码参考如下。

```
var ComponentA = { /* ... */ }
var ComponentB = { /* ... */ }
var ComponentC = { /* ... */ }
```

定义的组件可以被单独放入一个文件，然后在想要使用的组件中引入。也可以直接定义在想要使用的组件中，然后在 components 选项中定义你想要使用的组件。对于 components 对象中的每个属性来说，属性名就是自定义元素的名字，属性值就是这个组件的选项对象。

示例代码参考如下。

```
new Vue({
  el: '#app',
  components: {
    'component-a': ComponentA,
    'component-b': ComponentB
  }
})
```

通过 Babel 和 webpack 使用 ES2015 模块的代码如下所示。ComponentA 这个变量名其实是 ComponentA: ComponentA 的缩写。

```
import ComponentA from './ComponentA.vue'

export default {
  components: {
    ComponentA
  },
  // ...
}
```

8.2 Prop 实现数据传递

在我们自定义好一个组件并在其他组件中将定义好的组件引入后，它们就构成了父子组件的关系，被引入的组件是子组件，引入的组件是父组件。通常两个组件实现数据通信时，父组件需要往子组件传递数据，这个时候就需要用到 Prop。

Prop 可以传递的数据类型多种多样，包括数字、字符串、布尔值、数组和对象等。

8.2.1 使用静态或动态的 Prop 传递数据

1. 静态的 Prop

使用静态的 Prop 传递数据时只需要在父组件里对子组件绑定一个自定义属性，属性后面跟上属性值，然后在子组件中用 props 接收一个数组，数组里的内容是传过来的自定义属性，这样在使用这个属性时就会获取传过来的属性值。使用方法参考如下代码。

```
<!-- 在父组件中是 kebab-case 的方式传递属性 -->
                <blog-post post-title="hello!"></blog-post>
```

```
<!-- 在子组件中使用 camelCase 的方式接收属性 -->
Vue.component('blog-post', {
  // 在 JavaScript 中是 camelCase 的
  props: ['postTitle'],
  template: '<h3>{{ postTitle }}</h3>'
})
```

在上面的代码中我们传递了一个名叫 post-title 的属性，这个属性的值是 "hello!"，随后在子组件中接收这个属性。接收的方式是定义一个 props 字段，该字段是一个数组，所有传过来的属性都在这个数组里被定义好，使其名称保持一致。接着在组件中就可以引用了，在引用这个属性的时候会显示这个属性的值。

2. 动态的 Prop

上面展示的是使用静态 Prop 传递数据方式，事实上在更多的场景中使用动态的 Prop。对于动态绑定，只需要在父组件中对子组件使用 v-bind 来绑定一个属性，这个属性的值可以是动态变化的。使用方式参考如下代码。

```
<!-- 动态赋予一个变量的值 -->
<blog-post v-bind:title="post.title"></blog-post>
```

```
<!-- 在子组件中使用 camelCase （驼峰命名法）接收属性 -->
Vue.component('blog-post', {
  // 在 JavaScript 中是 camelCase 的
  props: ['postTitle'],
  template: '<h3>{{ postTitle }}</h3>'
})
```

通过上面的代码动态传递了 post.title 的值，子组件接收这个属性的方式不变，当父组件中 post.title 的值变化时，子组件中引用这个属性时对应的值也会相应变化。

8.2.2 Prop 单向数据流

用 Prop 传递数据是单向的，只能由父组件往子组件传递，子组件不能直接修改 Prop 传递过来的属性值，只能通过父组件来修改。父级 Prop 的更新会向下流动到子组件中，但是反过来不行。这样能防止子组件意外改变父级组件的状态，从而导致应用的数据流向难以理解。

每次父组件发生更新时，子组件中所有的 Prop 都将会刷新为最新的值。这意味着不应该在一个子组件内部改变 Prop。如果你这样做了，Vue.js 会在浏览器的控制台中发出警告。

8.2.3 Prop 类型检查

Prop 在接收数据时不仅可以定义成数组，也可以定义成对象，在对象中可以对传过来的每个 prop 属性进行类型检查。我们可以事先定义好该属性的类型，如果传过来的数据类型不满足预先定义好的类型条件，Vue.js 会在浏览器的控制台中发出警告。

类型检查的方式可以在属性后面加上类型，也可以定义一个数组，在数组里面放多个类型，或者定义成对象，在对象里用 type 字段表示该属性的类型。

type 类型包括 String、Number、Boolean、Array、Object、Date、Function 和 Symbol 等。具体使用方式参考如下代码。

如果 prop 属性是对象，那么对象里面每个 prop 的字段可以有多个字段。其中，type 字段代表的是类型；required 字段代表这个属性是必填的；default 字段代表的是可以对这个属性设置一个默认值，当没有传入这个属性时就会使用这个默认值；validator 字段代表的是可以自定义验证函数，验证通过才能使用，不通过会发出错误提示。

```
Vue.component('my-component', {
```

```
  props: {
    // 基础的类型检查（null 匹配任何类型）
    propA: Number,
    // 多个可能的类型
    propB: [String, Number],
    // 必填的字符串
    propC: {
      type: String,
      required: true
    },
    // 带有默认值的数字
    propD: {
      type: Number,
      default: 100
    },
    // 带有默认值的对象
    propE: {
      type: Object,
      // 对象或数组默认值必须从一个函数获取
      default: function () {
        return { message: 'hello' }
      }
    },
    // 自定义验证函数
    propF: {
      validator: function (value) {
        // 这个值必须匹配下列字符串中的一个
        return ['success', 'warning', 'danger'].indexOf(value) !== -1
      }
    }
  }
})
```


8.3 自定义事件的实现

有时候我们需要自己去定义一些事件，从而控制数据的传递，包括父子组件和兄弟组件的数据传递，Vue.js 提供了 $emit 方法来帮助我们实现自定义事件。

8.3.1 如何使用 $emit 触发事件

前面我们介绍了父组件如何给子组件传递数据，但是在有些场景下子组件也需要给父组件传递数据，这个时候就需要用到 $emit 来触发父组件中的事件，并传递数据。

首先需要在父组件中引入子组件的标签上使用 v-on 绑定一个事件监听方法，绑定的事件名称就是子组件传过来的事件名称，两者保持一致。接着触发这个事件时会执行一个方法，在父组件中可以直接执行这个方法。该方法用于接收子组件中传过来的数据的参数。具体使用方法如下。

```
<!-- 父组件中动态绑定一个监听事件 -->
<my-component v-on:my-event="doSomething"></my-component>
```

```
<!-- 在父组件中执行方法，并接收子组件传递过来的数据 -->
new Vue({
  el: '#app',
  methods: {
    doSomething(data) {
      console.log(data) // mydata
    }
  }
})
```

```
<!-- 子组件中触发事件，并传递参数 -->
new Vue({
  el: '#app',
  methods: {
    do(){
      this.$emit('my-event', 'mydata')
    }
  }
})
```

从上面的代码中可以看到在父组件中给子组件绑定了一个名叫 my-event 的事件，并在触发这个事件的时候执行 doSomething 方法，方法接收的参数是子组件传递过来的参数。子组件在执行任意方法时都可以利用 $emit 方法触发一个事件。$emit 方法用于接收两个参数，第一个是触发的事件名称，第二个是传递的数据，数据的类型可以是字符串、数组或对象等。事件名称必须与父组件中绑定的事件名称一致，否则无法监听。

与 Prop 的命名方式不一样，这个事件名称在父组件和子组件中必须保持一致，事件名不会被用作 JavaScript 变量名或属性名。并且事件监听器在 DOM 模板中会被自动转换为全小写（因为 HTML 对大小写不敏感），所以 v-on:myEvent 将会变成 v-on:myevent，从而导致 myEvent 不可能被监听到。

8.3.2 用 .native 修饰符绑定原生事件

如果我们想要在一个组件的根元素上直接监听一个原生事件,可以使用 v-on 的 .native 修饰符。这样只有原生事件才会被监听并且执行后面的方法，不是原生事件就不会被监听。使用方法参考如下代码。

```
<base-input v-on:focus.native="onFocus"></base-input>
```

从上面的代码中可以看到我们在 <base-input> 标签上添加了监听原生的 focus 事件，使只有触发原生的 focus 事件才会被监听。

尝试监听一个类似 <input> 的非常特定的元素并不是个好主意。比如上述 <base-input> 组件可能做了如下重构，所以根元素实际上是一个 <label> 元素。

```
<label>
  {{ label }}
  <input
    v-bind="$attrs"
    v-bind:value="value"
    v-on:input="$emit('input', $event.target.value)"
  >
</label>
```

这时，父级的 .native 监听器将静默失败。它不会产生任何报错，但是 onFocus 处理函数不会如预期一般被调用。

为了解决这个问题，Vue.js 提供了一个 $listeners 属性，它是一个对象，里面包含了作用在这个组件上的所有监听器。

有了 $listeners 属性，我们就可以配合 v-on="$listeners" 将所有的事件监听器指向这个组件的某个特定的子元素。对于希望它也可以配合 v-model 工作的组件，比如 <input> 来说，为这些监听器创建一个类似下述 inputListeners 的计算属性通常是非常有用的。

```
Vue.component('base-input', {
  inheritAttrs: false,
  props: ['label', 'value'],
  computed: {
    inputListeners: function () {
      var vm = this
      // Object.assign 将所有的对象合并为一个新对象
      return Object.assign({},
        // 我们从父级添加所有的监听器
        this.$listeners,
        // 然后我们添加自定义监听器
        // 或覆写一些监听器的行为
        {
          // 这里确保组件配合 v-model 的工作
```

```
        input: function (event) {
          vm.$emit('input', event.target.value)
        }
      }
    )
  }
},
template:
  <label>
    {{ label }}
    <input
      v-bind="$attrs"
      v-bind:value="value"
      v-on="inputListeners"
    >
  </label>

})
```

8.3.3 用 .sync 修饰符实现双向绑定

在有些情况下，我们可能需要对一个 prop 进行双向绑定。然而真正的双向绑定会带来维护上的问题，因为子组件可以修改父组件，这样会导致数据流错乱，使我们无法判断这个改动来自父组件还是子组件。

但是我们可以通过 update:myPropName 模式触发事件取而代之。如在触发的事件名称后面添加“:”并取个别名，随后将传递过来的新数据赋值给原有的属性值，以达到替换的目的。

参考如下代码。

```
this.$emit('update:title', newTitle)
```

```
<text-document
  v-bind:title="doc.title"
  v-on:update:title="doc.title = $event"
></text-document>
```

从上面的代码中可以看到，我们触发了一个名为 update:title 的事件，在子组件中触发的事件名称必须这么写，update 代表更新操作，title 代表事件名称，如果不加 update 操作符就不会起作用。与此同时，新的 title 值被传递过去，父组件在接收到这个事件时将新的值赋值给了原来的 title 值，这样传递给子组件的 title 值会同步改变，以达到双向绑定的目的。

但是每次这么写会过于烦琐，所以 Vue.js 提供了一种缩写的方法，只需要在绑定的属性名称后面加一个 .sync 修饰符即可达到同样的目的。

```
<text-document v-bind:title.sync="doc.title"></text-document>
```

子组件触发时依旧需要在事件名称前面加上 update:title 来实现更新的意图。

8.4 插槽 slot 的使用

我们在定义子组件的布局和内容时，子组件一旦在父组件中被引用便无法在父组件中修改。但在有些场景下，需要在父组件中改变子组件的布局，并在子组件中添加 HTML 标签，将父组件的内容渲染给子组件，这个时候就需要用到插槽。Vue.js 具有可实现一套内容分发的 API，这套 API 基于当前的 Web Components 规范草案，将 <slot> 标签作为承载分发内容的出口。

慕课视频

深入了解组件（二）

8.4.1 如何使用 slot

简单来说，slot 的使用方法就是在子组件中需要添加插槽的地方放一个 <slot> 标签占位，然后在父组件中引入的子组件标签内部插入内容，随后这部分内容便会被渲染到子组件里面。

具体用法参考如下代码。

```
<!-- 父组件中引入<navigation-link>的子组件，并在内部写入 Your Profile 内容 -->
<navigation-link url="/profile">
  Your Profile
</navigation-link>
```

在 <navigation-link> 的子组件模板可能会写为如下形式。

```
<!-- 子组件在需要的地方预留<slot>标签 -->
<a
  v-bind:href="url"
  class="nav-link"
>
  <slot></slot>
</a>
```

当组件渲染的时候，<slot> 标签将会被替换为 Your Profile。插槽内可以包含任何模板代码，包括 HTML，如下所示。

```
<!-- 插槽内部可以包含任何形式的模板代码 -->
<navigation-link url="/profile">
  <!-- 添加一个 Font Awesome 图标 -->
  <span class="fa fa-user"></span>
  Your Profile
</navigation-link>
```

甚至其他组件也可以放在插槽内部。

```
<!-- 插槽内部可以放组件 -->
<navigation-link url="/profile">
  <!-- 添加一个图标的组件 -->
  <font-awesome-icon name="user"></font-awesome-icon>
  Your Profile
</navigation-link>
```

注意

如果 <navigation-link> 没有包含 <slot> 标签，则任何传入它的内容都会被抛弃。

8.4.2 具名 slot

有时候我们可能需要多个插槽，如果像上面那样编写代码会无法一一对应，导致错乱。这种情况下需要给插槽起个名字，用名字来标识插槽，让每个插槽和名字一一对应起来。

假设一个 <base-layout> 组件的模板如下。

```
<div class="container">
  <header>
    <!-- 我们希望把页头放这里 -->
  </header>
  <main>
    <!-- 我们希望把主要内容放这里 -->
  </main>
  <footer>
    <!-- 我们希望把页脚放这里 -->
  </footer>
</div>
```

对于这样的情况，需要用到 <slot> 标签的一个特殊特性：name。这个特性可以用来定义额外的插槽，只需要在 <slot> 标签上添加 name 属性并定义好不同的名字，参考下面的代码。

```
<div class="container">
  <header>
    <slot name="header"></slot>
  </header>
  <main>
    <slot></slot>
  </main>
  <footer>
    <slot name="footer"></slot>
  </footer>
```

```
</div>
```

在向具名插槽提供内容的时候，我们可以在一个父组件的 <template> 标签上使用 slot 特性，参考如下代码。

```
<base-layout>
  <template slot="header">
    <h1>Here might be a page title</h1>
  </template>

  <p>A paragraph for the main content.</p>
  <p>And another one.</p>

  <template slot="footer">
    <p>Here's some contact info</p>
  </template>
</base-layout>
```


也可以不使用 <template> 包裹，直接将 slot 特性作用于一个 HTML 标签上，参考下面的代码。

```
<base-layout>
  <h1 slot="header">Here might be a page title</h1>

  <p>A paragraph for the main content.</p>
  <p>And another one.</p>

  <p slot="footer">Here's some contact info</p>
</base-layout>
```

如果插槽没有名字，则这个插槽是默认插槽，也就是说它会作为所有未匹配到插槽的内容的统一出口。上述两个示例渲染出来的 HTML 都将会是下面这样的。

```
<div class="container">
  <header>
    <h1>Here might be a page title</h1>
  </header>
  <main>
    <p>A paragraph for the main content.</p>
    <p>And another one.</p>
  </main>
  <footer>
    <p>Here's some contact info</p>
  </footer>
</div>
```

8.4.3 作用域插槽

有的时候我们希望提供的组件带有一个可从子组件获取数据的可复用的插槽。例如一个简单的 <todo-list> 组件的模板可能包含如下代码。

```
<ul>
  <li
    v-for="todo in todos"
    v-bind:key="todo.id"
  >
    {{ todo.text }}
  </li>
</ul>
```

但是在使用时，我们希望每个独立的待办项渲染出和 todo.text 不太一样的内容。普通的插槽无法满足这样的要求，这个时候作用域插槽就派上用场了。

我们需要做的事情就是将待办项内容包裹在一个 <slot> 标签上，然后在 <slot> 标签上使用 v-bind 指令绑定一条数据，在下面的例子中，这条数据是 todo 对象。

```
<ul>
  <li
    v-for="todo in todos"
    v-bind:key="todo.id"
  >
    <!-- 我们为每个 todo 准备了一个插槽 -->
    <!-- 使用 v-bind 将 todo 对象绑定 -->
    <slot v-bind:todo="todo">
      <!-- 回退的内容 -->
      {{ todo.text }}
    </slot>
  </li>
</ul>
```

现在当我们使用 <todo-list> 组件的时候，我们可以选择为待办项定义一个不一样的 <template> 作为替代方案，并且可以通过 slot-scope 字段从子组件获取数据。slot-scope 中包含刚才使用 v-bind 传过来的字段名称。

```
<todo-list v-bind:todos="todos">
  <!-- 将 slotProps 定义为插槽作用域的名字 -->
  <template slot-scope="slotProps">
    <!-- 为待办项自定义一个模板 -->
    <!-- 通过 slotProps 定制每个待办项 -->
    <span v-if="slotProps.todo.isComplete">✓</span>
    {{ slotProps.todo.text }}
```

```
  </template>
</todo-list>
```

8.5 动态组件与异步组件

在具体使用时组件又可以区分为动态组件和异步组件。所谓的动态组件是指在渲染组件时，在合适的时候让组件渲染成为不同的组件，可以动态切换。异步组件是指在加载组件时采用异步加载的方式，这在某些场景下会非常有用，能在提高性能的同时控制组件加载的时机。

8.5.1 什么是动态组件

动态组件是指动态控制渲染的组件。通常在一些场景下需要动态改变这个组件，在合适的时候将其切换为不同的组件来渲染，这个时候需要用到动态组件。

动态组件的使用方法非常简单，只需要固定定义一个 <component> 标签的组件，然后使用 v-bind 指令绑定一个 is 属性，之后只需要动态改变属性的值，使其变成对应组件的组件名，这样这个组件就渲染为对应的组件了（案例位置：源码 \ 第 8 章 \ 源代码 \8.5.1.html）。

```
<div id="app">
  <div>
    <button @click="switchTab(1)">Tab1</button>
    <button @click="switchTab(2)">Tab2</button>
  </div>
  <component v-bind:is="currentTabComponent"></component>
</div>

<script>
  Vue.component('tab1', {
    template: `
                <div>
                    我是 Tab1
                </div>
              `
  });
  Vue.component('tab2', {
    template: `
                <div>
                    我是 Tab2
                </div>
              `
```

```
  });
  const app = new Vue({
    el: '#app',
    data(){
      return {
        currentTabComponent: 'tab1'
      }
    },
    methods: {
      switchTab(id) {
        if(id === 1) {
          this.currentTabComponent = 'tab1'
        } else {
          this.currentTabComponent = 'tab2'
        }
      }
    }
  })
</script>
```

上面的代码中定义了两个组件，默认渲染的是第一个组件。在 data 中定义了一个变量 currentTabComponent，点击按钮时改变 currentTabComponent 的值，当值是组件名称时组件就会动态地切换。点击第二个按钮，组件会切换为 tab2，点击第一个按钮，组件会切换为 tab1。

8.5.2 如何实现组件的缓存

使用动态组件虽然方便，但是也有一个问题，即组件切换时相当于将组件重新渲染了一遍。从组件生成、加载、渲染到销毁的所有过程都会执行一遍，非常消耗性能，并且在某些场景下我们并不想将组件重新渲染，而是想保留之前的状态，以避免反复重渲染导致的性能问题。这个时候我们就需要对动态组件实施缓存操作。

Vue.js 提供了一个简单的组件缓存方法，只需要在动态组件外层包裹一个 <keep-alive> 标签即可，使用方法参考如下代码。

```
<!-- 失活的组件将会被缓存！ -->
<keep-alive>
  <component v-bind:is="currentTabComponent"></component>
</keep-alive>
```

上面的代码在动态组件外层添加了一个 <keep-alive> 标签，这样在切换组件时，之前的组件状态就会被保留下来。也就是说切换到一个新的组件再切回来时这个组件将不会重新渲染。

8.5.3 异步组件怎么使用

在大型应用中，我们可能需要将应用分割成小一些的代码块，并且只在需要的时候才从服务器加载一个模块。为了简化操作，Vue.js 允许以一个工厂函数的方式定义组件，这个工厂函数会异步解析我们的组件。Vue.js 只有在这个组件需要被渲染的时候才会触发该工厂函数，且会把结果缓存起来以备以后重新渲染。

```
Vue.component('async-example', function (resolve, reject) {
  setTimeout(function () {
    // 向 resolve 回调传递组件定义
    resolve({
      template: '<div>I am async!</div>'
    })
  }, 1000)
})
```


这个工厂函数会收到一个 resolve 回调函数，这个回调函数会在我们从服务器得到组件定义的时候被调用。我们也可以调用 reject(reason) 来表示加载失败。这里的 setTimeout 是为演示用的，如何获取组件取决于自己的需要。

通常可以在工厂函数中返回一个 Promise 对象，所以可以把 webpack 2 和 ES2015 语法加在一起写成如下形式。

```
Vue.component(
  'async-webpack-example',
  // 这个 import 函数会返回一个 Promise 对象
  () => import('./my-async-component')
)
```

当使用局部注册的时候，我们也可以直接提供一个返回 Promise 的函数，如下所示。

```
new Vue({
  components: {
    'my-component': () => import('./my-async-component')
  }
})
```

当然，异步组件不一定必须使用，是否使用完全取决于场景的需求，通常为了提高性能或在某些特定场景下才需要使用。

8.6 访问实例

在 Vue.js 中通常不建议去触达另一个组件实例内部或手动操作 DOM 节点，不过在有些情况下是需要这么做的，例如获取组件的字段值、调用组件的方法等。下面就来介绍几种访问实例的方法。

8.6.1 访问根实例

在每个 new Vue 实例的子组件中，其根实例可以通过 $root 属性进行访问。例如下面这个根实例。

```
// Vue 根实例
new Vue({
  data: {
    foo: 1
  },
  computed: {
    bar: function () { /* ... */ }
  },
  methods: {
    baz: function () { /* ... */ }
  }
})
```

在上面这个根实例中，所有的组件都可以将这个实例作为一个全局对象来访问或使用。

```
// 获取根组件的数据
this.$root.foo

// 写入根组件的数据
this.$root.foo = 2

// 访问根组件的计算属性
this.$root.bar

// 调用根组件的方法
this.$root.baz()
```

在上面的代码中，我们通过 $root 来获取子组件 data 中的数据，并且可以手动改变数据的值，甚至可以访问计算属性、调用组件的方法等。使用 $root 能够访问 Vue.js 实例中所有的内容，甚至包括很多的 DOM 节点的信息。

如果仅调用 data 中的数据，在访问计算属性和调用自身方法时，我们大可不必使用 $root，直接用 this 调用即可。

注意

对于 demo 或非常小型的有少量组件的应用来说，使用 $root 很方便。不过这个方法对于中、大型应用来说就不然了。因此在这类情况下，我们强烈推荐使用 Vuex（一个状态管理工具，后面章节会讲到）来管理应用的状态。

8.6.2 访问父组件实例

和 $root 类似，$parent 属性可以用来从一个子组件访问父组件。它提供了一种机会，可以在后期随时触达父组件，访问父组件的数据，不需要将数据在父组件中以 Prop 的方式传入子组件。

```
// 获取根组件的数据
this.$parent.foo
```

注意

在绝大多数情况下，触达父组件会使你的应用更难调试和理解，尤其是当你变更了父级件的数据的时候。当我们稍后回看那个组件的时候，很难找出那个变更是从哪里发起的。

8.6.3 访问子组件实例

尽管存在 Prop 和事件，有的时候我们仍可能需要在 JavaScript 里直接访问一个子组件。为了达到这个目的，我们可以通过 ref 特性为这个子组件赋予一个名称来引用，如下所示。

```
<base-input ref="usernameInput"></base-input>
```

现在已经定义了在这个 ref 的组件里，我们可以使用 this.$refs.usernameInput 来访问 <base-input> 实例，以备不时之需，比如程序化地从一个父组件聚焦这个输入文本框。在这个例子中，该 <base-input> 组件也可以使用一个类似的 ref 以便对内部指定元素进行访问，如下所示。

```
<input ref="input">
```

甚至可以通过其父组件定义方法来聚焦输入文本框，如下所示。

```
methods: {
  // 用来通过父组件来聚焦输入文本框
  focus: function () {
    this.$refs.input.focus()
  }
}
```

这样就允许父组件通过下面的代码聚焦 <base-input> 里的输入文本框。

```
this.$refs.usernameInput.focus()
```

8.6.4 依赖注入

使用 $parent 属性无法很好地扩展到更深层级的嵌套组件上。这也成了依赖注入的用武之地，它用到了两个新的实例选项：provide 和 inject。

provide 选项允许我们指定想要提供给子组件的数据或方法。例如我们可以提供一个 getMap 方法给后代组件调用，参考如下代码。

```
provide: function () {
  return {
    getMap: this.getMap
  }
}
```

在任何后代组件里，我们都可以使用 inject 选项来接收指定的我们想要添加在这个实例上的属性，如下所示。

```
inject: ['getMap']
```

这样我们就能在组件中调用 getMap 方法了。相比 $parent 来说，这个方法可以让我们在任意后代组件中访问 getMap 而不需要引入整个 Vue.js 实例。这允许我们更好地持续研发该组件，而不需要担心我们可能会改变或移除一些子组件依赖的内容。同时这些组件之间的接口是始终明确定义的，就和 props 一样。

8.7 小试牛刀

点击按钮切换组件展示内容并修改背景色

页面上有一个“切换组件”按钮，用于默认展示组件 1 的内容，显示“我是组件 1”，并带有一个“回传事件”按钮，点击“回传事件”按钮会弹出对应组件的信息，默认背景色是红色，当点击“切换组件”按钮时，将展示“我是组件 2”的内容，并将背景色改为蓝色（案例位置：源码 \ 第 8 章 \ 源代码 \8.7.html）。

（1）准备一段 HTML 代码，并引入 vue.min.js。

（2）首先注册两个组件，组件名分别为“my-component-one”和“my-component-two”，并在两个组件中准备两个 props 字段，分别为 name 和 color，字段值从父组件传过来，并添加一个点击事件 change 和 <slot> 标签，代码如图 8-1 所示。

```
<script>
  Vue.component('my-component-one', {
    /*slot的$index可以传递到父组件中*/
    template: `
                <div>
                    <div style="line-height:2.2;" :style="{background: color}">
                        <slot name="content"></slot>
                        <button @click="$emit('change', name)">回传事件</button>
                    </div>
                </div>
            `,
    props: {
      name: String,
      color: String
    }
  });
  Vue.component('my-component-two', {
    /*slot的$index可以传递到父组件中*/
    template: `
                <div>
                    <div style="line-height:2.2;" :style="{background: color}">
                        <slot name="content"></slot>
                        <button @click="$emit('change', name)">回传事件</button>
                    </div>
                </div>
            `,
    props: {
      name: String,
      color: String
    }
  });
```

图 8-1　小试牛刀子组件注册代码

（3）注册一个动态组件，并默认使用 my-component-one 的相关信息，在 data 中绑定 name、color 和 current 三个字段的信息，添加 change 方法用来接收子组件，并弹出接收过来的数据，代码如图 8-2 所示。

```
49    new Vue({
50      el: '#app',
51      data: {
52        current: 'my-component-one',
53        name: { 'my-component-one': '我是组件1', 'my-component-two': '我是组件2' },
54        color: { 'my-component-one': 'red', 'my-component-two': 'blue' }
55      },
56      methods: {
57        change(value) {
58          alert(value)
59        },
```

图 8-2　小试牛刀动态组件的代码

（4）增加动态组件的标签，并在组件上绑定相应的属性和方法，添加一个 <slot> 标签来接收各个子组件的信息，代码如图 8-3 所示。

```
9    <div id="app">
10     <button @click="switchComp">切换组件</button>
11     <p></p>
12     <component :is="current" :name="name[current]" :color="color[current]" @change="change">
13       <template slot="content">
14         {{ name[current] }}
15       </template>
16     </component>
17   </div>
```

图 8-3　小试牛刀增加动态组件标签的代码

（5）准备好一个切换组件的按钮，并添加切换点击事件，绑定 switchComp 方法，以便点击时动态切换子组件的信息，代码如图 8-4 所示。

```
49      new Vue({
50        el: '#app',
51        data: {
52          current: 'my-component-one',
53          name: { 'my-component-one': '我是组件1', 'my-component-two': '我是组件2' },
54          color: { 'my-component-one': 'red', 'my-component-two': 'blue' }
55        },
56        methods: {
57          change(value) {
58            alert(value)
59          },
60          switchComp() {
61            if (this.current === 'my-component-one' ) {
62              this.current = 'my-component-two'
63            } else {
64              this.current = 'my-component-one'
65            }
66          }
67        }
```

图 8-4　小试牛刀父动态组件切换的代码

（6）当点击“回传事件”按钮时将子组件的信息传递过来并在弹框中显示，效果如图 8-5 所示。

图 8-5　小试牛刀点击“回传事件”按钮弹框效果

（7）点击“切换组件”按钮，效果如图 8-6 所示。

图 8-6　小试牛刀点击“切换组件”按钮效果

本章小结

本章首先介绍了自定义组件的注册和使用方法，组件化开发的思想要求我们必须掌握自定义组件的方法。然后介绍了父子组件之间传递数据，即利用 Prop 实现数据由父组件往子组件进行单向传递，利用 $emit 触发父组件中的事件并传递数据。接着介绍了插槽的使用方法、如何在父组件中改变子组件中的布局渲染、多个插槽利用 name 属性来区分、当子组件需要往父组件中传递数据时动态改变插槽内容可以使用具有 slot-scope 字段的作用域插槽等内容。随后介绍了动态组件和异步组件，动态组件的利用 v-bind 绑定 is 属性，然后将属性值变为组件名就可以实现组件的动态切换。最后介绍了如何访问实例，包括访问父组件的实例和子组件的实例等，虽然不推荐使用，但是有些场景依然需要。依赖注入的功能可以帮助我们在父组件中通过 provide 给所有的后代组件提供数据或方法，后代组件只需要通过 inject 接收一下就可以使用了。

通过本章的学习，读者需要掌握自定义组件的使用方法、父子组件的数据传递方法、插槽的使用方法及动态组件和异步组件的使用方法，最后需要了解如何访问实例。

动手实践

学习完前面的内容，下面来动手实践一下吧（案例位置：源码\第8章\源代码\动手实践.html）。

我们在 Vue.js 实例中全局注册一个子组件，然后引用这个子组件。在实例中定义一组数据，包括 id、name、age3 个属性，将这组数据传递给子组件。在子组件中循环这个组数据并创建一个作用域插槽，将循环索引传给父组件，父组件进行布局并根据传过来的索引依次展示编号（id）、姓名（name）、年龄（age）。设计两个超链接，点击链接时把 id 的值一起传到子组件。

子组件循环列表中各自有一个按钮，点击按钮后往父组件中传递点击的数据，父组件接收后弹出姓名和年龄。

父组件向子组件传两种颜色，子组件根据行数是奇数还是偶数来动态设置行背景颜色。

数据参考示例如下。

```
users: [
        {id: 1, name: '张三', age: 20},
        {id: 2, name: '李四', age: 22},
        {id: 3, name: '王五', age: 27},
        {id: 4, name: '张龙', age: 27},
        {id: 5, name: '赵虎', age: 27}
    ]
```

默认进来时列表渲染的效果如图 8-7 所示，当点击所在行的“编辑”或“删除”按钮时观察地址栏中 id 的变化，效果如图 8-8 所示，点击“弹出名字和年龄”按钮时的效果如图 8-9 所示。

图 8-7　列表渲染的效果

#edit/id=1

图 8-8　点击“编辑”或“删除”按钮后的效果

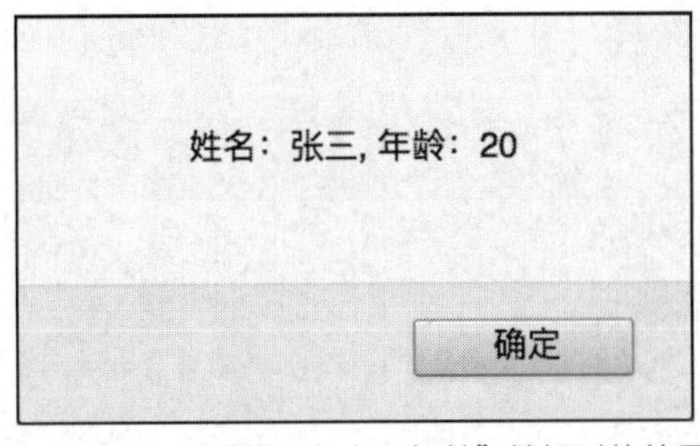

图 8-9　点击“弹出名字和年龄”按钮时的效果

动手实践代码如下：

```
<!DOCTYPE html>
<html lang="en">
<head>
  <meta charset="UTF-8">
  <title>第 8 章动手实践</title>
  <script src="https://cdn.jsdelivr.net/npm/vue@2.5.17/dist/vue.js"></script>
</head>
<body>
<div id="app">
  <!-- 组件使用者只需传递 users 数据即可 -->
  <my-stripe-list :items="users" odd-bgcolor="#D3DCE6" even-
bgcolor="#E5E9F2" @change="change">
    <!-- props 对象接收来自子组件 slot 的 $index 参数 -->
    <template slot="cont" slot-scope="props">
      <span>{{users[props.$index].id}}</span>
      <span>{{users[props.$index].name}}</span>
      <span>{{users[props.$index].age}}</span>
      <!-- 这里可以自定“编辑”“删除”按钮的链接和样式 -->
      <a :href="'#edit/id='+users[props.$index].id">编辑</a>
      <a :href="'#del/id='+users[props.$index].id">删除</a>
    </template>
  </my-stripe-list>
</div>
<script>
  Vue.component('my-stripe-list', {
    /*slot 的 $index 可以传递到父组件中 */
    template: `
                <div>
                       <div v-for="(item, index) in items" style="line-
height:2.2;" :style="index % 2 === 0 ? 'background:'+oddBgcolor :
'background:'+evenBgcolor">
                          <slot name="cont" :$index="index"></slot>
```

```
                    <button @click="$emit('change', item)">弹出名字
和年龄</button>
                </div>
            </div>
        `,
    props: {
      items: Array,
      oddBgcolor: String,
      evenBgcolor: String
    }
  });
  new Vue({
    el: '#app',
    data: {
      users: [
        {id: 1, name: '张三', age: 20},
        {id: 2, name: '李四', age: 22},
        {id: 3, name: '王五', age: 27},
        {id: 4, name: '张龙', age: 27},
        {id: 5, name: '赵虎', age: 27}
      ]
    },
    methods: {
      change(value) {
        alert(`姓名：${value.name}, 年龄：${value.age}`)
      }
    }
  });
</script>
</body>
</html>
```

第9章　过渡动画效果

学习目标

- 掌握单元素的过渡模式
- 掌握多元素及列表过渡的使用方法
- 熟悉状态过渡的使用方法

在 JQuery 的时代，我们可以制作各种各样的神奇的特效，打开网页后可以看到各种动画效果“穿梭”在网页中，令人眼前一亮。好的动画效果能够带来更好的用户体验，提升产品的品质，让人耳目一新、身心愉悦。在浏览网页过程中我们经常会遇到动画，例如各种各样的图片轮番滚动的效果、图片旋转的效果、烟花飞舞的效果等。

慕课视频

过渡动画效果

在 Vue.js 中我们也需要掌握动画的使用方法，为我们开发的产品带来锦上添花的效果。很多场景下我们需要使用动画来提升用户体验，提高产品品质。所以本章将重点介绍在 Vue.js 中使用动画，给组件提供动态的效果的方法。

9.1 单元素 / 组件的过渡

Vue.js 在插入、更新或者移除 DOM 时，提供了以下多种不同方式来实现过渡效果。

- 在 CSS 过渡和动画中自动应用 class。
- 可以配合使用第三方 CSS 动画库，如 Animate.css。
- 在过渡钩子函数中使用 JavaScript 直接操作 DOM。
- 可以配合使用第三方 JavaScript 动画库，如 Velocity.js。

Vue.js 提供了一个 transition 封装的组件，只要将需要动画效果的组件利用 <transition> 标签包裹一下，同时添加一个 name 属性（name 属性的值类似于类名），再根据属性的值定义好相关的样式，就能实现动画效果。

在以下情形中，可以给任何元素或组件添加进入或离开的过渡效果。

- 条件渲染（使用 v-if）。
- 条件展示（使用 v-show）。
- 动态组件。
- 组件根节点。

9.1.1 类名过渡

transition 设定在进入或离开的过渡过程中，有 6 个 class 的切换过程。

（1）v-enter：定义进入过渡的开始状态。在元素被插入之前生效，在元素被插入的下一帧移除。

（2）v-enter-active：定义进入过渡生效时的状态。应用于整个进入过渡的阶段中，在元素被插入之前生效，在过渡或动画完成之后被移除。这个类可以被用来定义进入过渡的过程时间、延迟和曲线函数。

（3）v-enter-to:（vue.js 2.1.8 及其以上版本适用）定义进入过渡的结束状态。在元素被插入的下一帧生效（与此同时 v-enter 被移除），在过渡或动画完成之后被移除。

（4）v-leave: 定义离开过渡的开始状态。在离开过渡被触发时立刻生效，下一帧被移除。

（5）v-leave-active：定义离开过渡生效时的状态。应用于整个离开过渡的阶段中，在离开过渡被触发时立刻生效，在过渡或动画完成之后被移除。这个类可以被用来定义离开过渡的过程时间、延迟和曲线函数。

（6）v-leave-to:（vue.js 2.1.8 版及其以上版本适用）定义离开过渡的结束状态。在离开过渡被触发的下一帧生效（与此同时 v-leave 被删除），在过渡或动画完成之后被移除。

每个类名前面的“v”代表的是 <transition> 标签中 name 属性的值，对于这些在过渡中切换的类名来说，如果使用一个没有名字的 <transition>，则“v-”是这些类名的默认前缀；如果使用了 <transition name="my-transition">，那么 v-enter 会被替换为 my-transition-enter。

定义好每个状态过程中的动画效果后，将它们组合起来就有了完美的动画效果。进入或离开类名过渡的过程如图 9-1 所示。

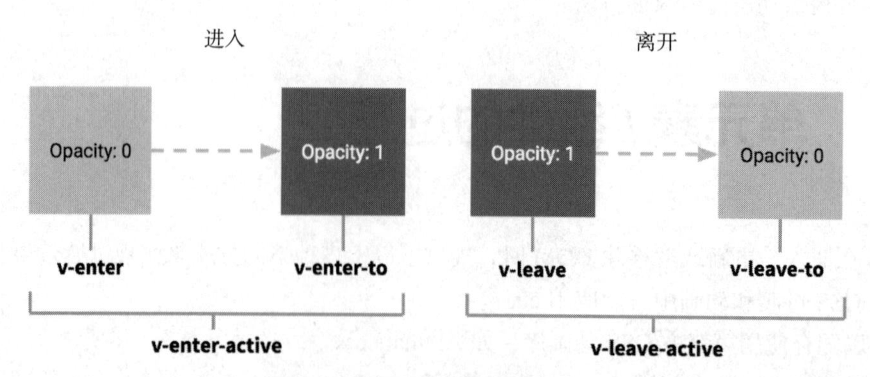

图 9-1 进入或离开类名过渡的过程

9.1.2 CSS 过渡

Vue.js 常用的过渡是 CSS 过渡，因为这种过渡方法比较常见，且 CSS 提供了与动画相关的接口。我们只需要懂 CSS 的知识就可以使用了，这样学习成本比较低。CSS 过渡对 Vue.js 本身来说也比较节省性能消耗。

下面是一个简单的过渡案例（案例位置：源码\第 9 章\源代码\9.1.2.html）。

```
<div id="app">
  <button v-on:click="show = !show">
    Toggle
  </button>
  <transition name="fade">
    <p v-if="show">hello</p>
  </transition>
</div>
<script>
  new Vue({
    el: '#app',
    data: {
      show: true
    },
  });
</script>
<style>
  .fade-enter-active, .fade-leave-active {
    transition: opacity .5s;
  }
  .fade-enter, .fade-leave-to /* .fade-leave-active below version 2.1.8 */ {
    opacity: 0;
  }
</style>
```

从上面的代码中可以看到，在 <p> 标签的外部添加了一个 <transition> 标签包裹，<transition> 标签中有一个叫 fade 的 name，然后以 fade 作为基础在样式中准备了 .fade-enter-active、.fade-leave-active 两个类名，类名都是在 Vue.js 中定义好的，详情可参见第 9.1.1 节。此外，还定义了动画效果，在离开的时候设置透明度为 0，同时 transition 能够动态地添加和删除类名。当点击按钮的时候把 <p> 标签设置为隐藏或显示，就能实现动画效果了。

9.1.3 CSS 动画

接触过 CSS3 的读者应该对 CSS 动画比较熟悉。CSS 提供了动画的使用方法，CSS 动画用法与 CSS 过渡的用法类似，区别是动画中 v-enter 类名在节点插入 DOM 后不会被立即删除，而是在 animationend 事件触发时被删除。

参考下面的动画案例（案例位置：源码 \ 第 9 章 \ 源代码 \9.1.3.html）。

```
<div id="app">
  <button @click="show = !show">Toggle show</button>
  <transition name="bounce">
    <p v-if="show">CSS 动画效果 </p>
  </transition>
</div>
</div>
<script>
  new Vue({
    el: '#app',
    data: {
      show: true
    },
  });
</script>
<style>
  .bounce-enter-active {
    animation: bounce-in .5s;
  }
  .bounce-leave-active {
    animation: bounce-in .5s reverse;
  }
  @keyframes bounce-in {
    0% {
      transform: scale(0);
    }
    50% {
      transform: scale(1.5);
    }
    100% {
      transform: scale(1);
    }
  }

</style>
```

上面的代码和 CSS 过渡的使用方法比较相似，不同点在于上面的代码中使用了 CSS 动画来实现动画效果。从开始至结束分为 3 个过程，依次实现从原始状态放大、放大 1.5 倍到还原的动画效果。

9.1.4 自定义过渡的类名

如果对 Vue.js 中默认提供的类名不满意，可以自定义类名。Vue.js 提供的 enter-class、enter-active-class、enter-to-class、leave-class、leave-active-class、leave-to-class 等重新定义的类名，对应 6 个类名过渡的过程。

重新定义类名的方式很简单，只需要在 <transition> 标签上加上以下的属性即可，属性的值就是修改后的类名，参考如下代码。

```
<transition
    name="custom-classes-transition"
    enter-active-class="animated tada"
    leave-active-class="animated bounceOutRight"
  >
```

上面的代码将 enter-active 过程的类名定义成了 animated tada，将 leave-active 过程的类名定义成了 animated bounceOutRight。可以同时定义多个类名，随后只要在这几个类名中设置好对应的动画效果即可。

9.1.5 过渡中使用钩子函数

我们在使用动画时可以在 CSS 中过渡，这是较为常见的方法。Vue.js 还为我们提供了几个过程的钩子函数，在对应的钩子函数中可以用 JavaScript 设置一些动画效果，同样能够实现预期的效果。钩子函数的使用方法可参考如下代码。

```
<transition
  v-on:before-enter="beforeEnter"
  v-on:enter="enter"
  v-on:after-enter="afterEnter"
  v-on:enter-cancelled="enterCancelled"

  v-on:before-leave="beforeLeave"
  v-on:leave="leave"
  v-on:after-leave="afterLeave"
  v-on:leave-cancelled="leaveCancelled"
>
  <!-- ... -->
</transition>
```

上面的代码总共包含 8 个钩子函数，每个钩子函数后面是函数名称，只需要在方法中定义好这几个函数即可。每个函数可接收一个 DOM 对象作为参数，在函数中可以通过操作 el 来改变样式，参考代码如下（案例位置：源码 \ 第 9 章 \ 源代码 \9.1.5.html）。

```
methods: {
  // --------
```

```
  // 进入中
  // --------

  beforeEnter: function (el) {
    // ...
  },
  // 当与 CSS 结合使用时
  // 回调函数 done 是可选的
  enter: function (el, done) {
    // ...
    done()
  },
  afterEnter: function (el) {
    // ...
  },
  enterCancelled: function (el) {
    // ...
  },

  // --------
  // 离开时
  // --------

  beforeLeave: function (el) {
    // ...
  },
  // 当与 CSS 结合使用时
  // 回调函数 done 是可选的
  leave: function (el, done) {
    // ...
    done()
  },
  afterLeave: function (el) {
    // ...
  },
  // leaveCancelled 只用于 v-show 中
  leaveCancelled: function (el) {
    // ...
  }
}
```

9.2 多个元素的过渡

当<transition>标签下包裹了多个HTML标签时，我们通常使用v-if和v-else指令来实现HTML标签的切换渲染。参考下面的代码。

```
<transition>
  <table v-if="items.length > 0">
    <!-- ... -->
  </table>
  <p v-else>Sorry, no items found.</p>
</transition>
```

上面的代码展示了数据长度大于0时和等于0时的两个标签的切换过程，二者取其一，在切换的过程中可以设置动画效果。

这么用没有问题，但是当有相同标签名的元素切换时，需要通过key特性设置唯一的值来标记以让Vue.js区分它们，否则Vue.js会替换相同标签内部的内容。即使在技术上没有必要，给在<transition>组件中的多个元素设置key特性更好。

参考下面的代码。

```
<transition>
  <button v-if="isEditing" key="save">
    Save
  </button>
  <button v-else key="edit">
    Edit
  </button>
</transition>
```

在一些场景中，可以通过给同一个元素的key特性设置不同的状态来代替v-if和v-else指令。为了简写，通常可以将上面的代码改写成下面这样。

```
<transition>
  <button v-bind:key="isEditing">
    {{ isEditing ? 'Save' : 'Edit' }}
  </button>
</transition>
```

9.2.1 过渡模式

transition的过渡默认效果在进入和离开时产生。在两个标签进行过渡时，若一个标签处于进入状态，同时另一个标签处于离开状态，最终呈现的效果并不能实现平滑过渡。

有的场景需要先进入再离开，有的场景又需要先离开再进入，为了满足不同场景的需求，

Vue.js 提供了如下两种过渡模式。

- in-out：新元素先进行过渡，完成之后当前元素过渡离开。
- out-in：当前元素先进行过渡，完成之后新元素过渡进入。

过渡模式的使用方法也很简单，只需要在 <transition> 标签上加上 mode 属性即可。将属性值设置为两种过渡模式中的一种即可使用，无须额外的代码，如下所示。

```
<transition name="fade" mode="out-in">
  <!-- ... the buttons ... -->
</transition>
```

9.2.2 多个组件之间的过渡

多个组件的过渡模式不需要指定 key 属性，只需要在动态组件外层包裹 <transition> 标签即可，其他使用方式和上面的过渡模式一致。

参考下面的代码。

```
<transition name="component-fade" mode="out-in">
  <component v-bind:is="view"></component>
</transition>
```

从上面的代码中可以看到 <transition> 标签内部有一个动态的组件，动态组件在切换的过程中，就会有动态的过渡效果。过渡的模式和其他动画效果的添加还是使用和之前一样的方法。

9.3 列表的过渡

如果需要对整个列表添加过渡模式，比如使用 v-for 的场景，在这种场景下，需要用到 <transition-group> 组件。与 <transition> 组件不同，最终它会渲染出一个真实的标签，默认是 <span>，我们也可以通过 tag 属性更换该标签为其他元素。

需要注意的是，列表过渡不能使用过渡模式，因为 Vue.js 不再相互切换特有的元素，内部元素需要提供唯一的 key 属性值来绑定。

9.3.1 进入和离开的过渡

列表进入和离开的过渡和单元素或组件的过渡一样，使用 CSS 实现类名过渡，使用方法依旧是 6 个 class 的切换过程。

参考下面的例子（案例位置：源码 \ 第 9 章 \ 源代码 \9.3.1.html）。

```
<div id="app">
  <button v-on:click="add">Add</button>
  <button v-on:click="remove">Remove</button>
```

```
  <transition-group name="list " tag="p">
    <span
            v-for="item in items"
            v-bind:key="item"
            class="list -item"
    >
      {{ item }}
    </span>
  </transition-group>
</div>
<script>
  new Vue({
    el: '#app',
    data: {
      items: [1,2,3,4,5,6,7,8,9],
      nextNum: 10
    },
    methods: {
      randomIndex: function () {
        return Math.floor(Math.random() * this.items.length)
      },
      add: function () {
        this.items.splice(this.randomIndex(), 0, this.nextNum++)
      },
      remove: function () {
        this.items.splice(this.randomIndex(), 1)
      }
    }
  });
</script>
<style>
  .list -item {
    display: inline-block;
    margin-right: 10px;
    transition: all 1s;
  }
  .list-enter, .list-leave-to
    /* .list-leave-active for below version 2.1.8 */ {
    opacity: 0;
    transform: translateY(30px);
  }
```

```
</style>
```

从上面的代码中可以看到，我们依旧在 <transition-group> 标签上添加了 name 属性，接着在 v-enter、v-leave-to 两个过程中设置了过渡的过程，在子项列表 class 为 list-complete-item 设置了 transition: all 1s; 的过渡过程。

9.3.2 排序过渡

9.3.1 小节的例子有个问题，在添加和移除元素的时候，周围的元素会瞬间移动到它们的新布局的位置，而不是平滑过渡。

<transition-group> 组件还有一个特殊之处：它不仅可以进入和离开动画，还可以改变定位。要使用这个新功能需要了解新增的 v-move 指令，它会在元素改变定位的过程中被应用。与之前的类名类似，我们可以通过 name 属性来自定义前缀，也可以通过 move-class 属性来手动设置。在前面代码的基础上，做出如下改进。

（1）增加 .list-move 的样式，使元素在进入时实现过渡效果。

（2）在 .list-leave-active 中设置绝对定位，使元素在离开时实现过渡效果。

```
<style>
.list-item {display: inline-block;margin-right: 10px;}
.list-move,.list-enter-active, .list-leave-active {transition: 1s;}
.list-leave-active{position:absolute;}
.list-enter, .list-leave-to{opacity: 0;transform: translateY(30px);}
</style>
```

Vue.js 使用了一个叫 FLIP 的简单动画队列，利用 transforms 将元素从之前的位置平滑过渡至新的位置。使用 FLIP 过渡的元素不能设置为 display: inline。作为替代方案，可以将其设置为 display: inline-block 或者放置于 flex 中。由于 move、enter 和 leave 都需要设置 transition，因此直接在元素上设置 transition 即可。

上面的样式可改写成下面这样。

```
<style>
.list-item {display: inline-block;margin-right: 10px; transition: 1s;}
.list-leave-active{position:absolute;}
.list-enter, .list-leave-to{opacity: 0;transform: translateY(30px);}
</style>
```

9.3.3 交错过渡

通过 data 属性与 JavaScript 通信，就可以实现列表的交错过渡。

参考下面的例子（案例位置：源码 \ 第 9 章 \ 源代码 \9.3.3.html）。

```
<div id="app">
```

```
  <input v-model="query">
  <transition-group
        name="staggered-fade"
        tag="ul"
        v-bind:css="false"
        v-on:before-enter="beforeEnter"
        v-on:enter="enter"
        v-on:leave="leave"
  >
    <li
          v-for="(item, index) in computedList"
          v-bind:key="item.msg"
          v-bind:data-index="index"
    >{{ item.msg }}</li>
  </transition-group>
</div>
<script>
  new Vue({
    el: '#app',
    data: {
      query: '',
      list: [
        { msg: 'Bruce Lee' },
        { msg: 'Jackie Chan' },
        { msg: 'Chuck Norris' },
        { msg: 'Jet Li' },
        { msg: 'Kung Fury' }
      ]
    },
    computed: {
      computedList: function () {
        var vm = this
        return this.list.filter(function (item) {
          return item.msg.toLowerCase().indexOf(vm.query.toLowerCase()) !== -1
        })
      }
    },
    methods: {
      beforeEnter: function (el) {
        el.style.opacity = 0
        el.style.height = 0
```

```
      },
      enter: function (el, done) {
        var delay = el.dataset.index * 150
        setTimeout(function () {
          Velocity(
              el,
              { opacity: 1, height: '1.6em' },
              { complete: done }
          )
        }, delay)
      },
      leave: function (el, done) {
        var delay = el.dataset.index * 150
        setTimeout(function () {
          Velocity(
              el,
              { opacity: 0, height: 0 },
              { complete: done }
          )
        }, delay)
      }
    }
  });
</script>
```


上面的代码定义了几个动画过程中的钩子函数，在每个函数中利用 JavaScript 代码改变 DOM 节点样式来实现动画过渡，同时利用了 Velocity 的动画库。

9.4 状态过渡

Vue.js 的过渡系统提供了很多简单的方法来设置进入、离开和列表的动画效果。那么数据元素本身的动画效果该如何设置呢，比如颜色的显示、SVG 节点的位置、元素的大小和其他属性？我们可以结合 Vue.js 的响应式特点和组件系统，使用第三方库来实现切换元素的过渡状态。

9.4.1 状态动画与监听

Vue.js 中有 watch 选项，可以监听任何数值和属性，所以当我们监听到数值变化时可以另外定义一个变量并添加动画效果，这样就实现了动画的效果。

参考下面的代码（案例位置：源码\第 9 章\源代码\9.4.1.html）。

```
<script src="https://cdnjs.cloudflare.com/ajax/libs/gsap/1.20.3/TweenMax.
min.js"></script>
<div id="app">
  <input v-model.number="number" type="number" step="20">
  <p>{{ animatedNumber }}</p>
</div>
<script>
  new Vue({
    el: '#app',
    data: {
      number: 0,
      tweenedNumber: 0
    },
    computed: {
      animatedNumber: function() {
        return this.tweenedNumber.toFixed(0);
      }
    },
    watch: {
      number: function(newValue) {
        TweenLite.to(this.$data, 0.5, { tweenedNumber: newValue });
      }
    }
  });
</script>
```

从上面的代码中可以看到，我们定义了 number 和 tweenedNumber 两个变量，其中，number 是原始值，用来绑定输入文本框中的数字；tweenedNumber 是最终呈现的值。在 number 变化的过程中利用 watch 选项监听变化，同时自动触发函数，利用 TweenMax 的插件库中的方法实现动画效果。

9.4.2 组件里的过渡

管理太多的状态过渡会增加 Vue.js 实例或者组件的复杂性，好在很多的动画代码可以被提取到专用的子组件。封装好单独的组件之后，在其他位置使用相同的动画就可以直接复用，无须关注动画内部的实现过程，非常方便。

参考下面的代码（案例位置：源码 \ 第 9 章 \ 源代码 \9.4.2.html）。

```
<script src="https://cdn.jsdelivr.net/npm/tween.js@16.3.4"></script>
<div id="app">
  <input v-model.number="firstNumber" type="number" step="20"> +
  <input v-model.number="secondNumber" type="number" step="20"> =
```

```
    {{ result }}
    <p>
      <animated-integer :value="firstNumber"></animated-integer> +
      <animated-integer :value="secondNumber"></animated-integer> =
      <animated-integer :value="result"></animated-integer>
    </p>
  </div>
  <script>
    // 这种复杂的补间动画逻辑可以被复用
    // 任何整数都可以执行动画
    // 组件化可使我们的界面十分清晰
    // 可以支持更多、更复杂的动态过渡策略

    Vue.component('animated-integer', {
      template: '<span>{{ tweeningValue }}</span>',
      props: {
        value: {
          type: Number,
          required: true
        }
      },
      data () {
        return {
          tweeningValue: 0
        }
      },
      watch: {
        value (newValue, oldValue) {
          this.tween(oldValue, newValue)
        }
      },
      mounted () {
        this.tween(0, this.value)
      },
      methods: {
        tween (startValue, endValue) {
          var vm = this
          function animate () {
            if (TWEEN.update()) {
              requestAnimationFrame(animate)
            }
```

```
          }
          new TWEEN.Tween({ tweeningValue: startValue })
            .to({ tweeningValue: endValue }, 500)
            .onUpdate(function () {
              vm.tweeningValue = this.tweeningValue.toFixed(0)
            })
            .start()

          animate()
        }
      }
    })

    new Vue({
      el: '#app',
      data: {
        firstNumber: 20,
        secondNumber: 40
      },
      computed: {
        result () {
          return this.firstNumber + this.secondNumber
        }
      }
    })
  </script>
```

从上面的代码中可以看到，我们封装了一个动画组件，在组件里监听从父组件传递过来的数据。当数据发生变化时，就利用 tween.js 插件实现一个动画效果，把新的字段用动画实现预期的效果，而且这个组件可以重复利用，互相之间不会受到影响。

9.5 小试牛刀

输入编号和名称后按 Enter 键将数据添加到列表中，点击“添加”按钮和列表项实现列表的添加和删除

在页面上展示一个数据列表，列表中包含一些默认数据，另外有两个输入文本框用来输入 id 和 name 内容，输入完点击“添加”按钮会将输入的内容展示到列表中，点击列表项会将该列表

项删除。列表项默认鼠标指针悬浮会有背景色，当列表项内容发生改变时会有渐入、渐出的动画效果（案例位置：源码 \ 第 9 章 \ 源代码 \9.5.html）。

（1）准备一段 HTML 代码，并引入 vue.min.js。

（2）在 data 中准备一个 list 数组，用于存储一些默认列表的数据，每条数据分别有 id 和 name 字段。再准备添加和删除的方法，点击“添加”按钮和列表项实现列表数据的添加和删除，代码如图 9-2 所示。

```
<script>
    var vm = new Vue({
        el: "#app",
        data: {
            id:'',
            name:'',
            list:[
                {id:1,name:"java"},
                {id:2,name:"Vue"},
                {id:3,name:"Php"},
                {id:4,name:"c#"}
            ]
        },
        methods: {
            add(){
                this.list.push({id:this.id,name:this.name})
                this.id=this.name=''
            },
            del(i){
                this.list.splice(i,1)
            }
        }
    })
```

图 9-2　小试牛刀添加和删除方法代码

（3）准备两个输入文本框，利用 <transition-group> 标签包裹 <li> 标签，在该标签上循环数组并增加添加和删除方法，代码如图 9-3 所示。

```
<body>
    <div id="app">
        <div>
            <label>
                Id:
                <input type="text" v-model="id">
            </label>

            <label>
                Name:
                <input type="text" v-model="name">
            </label>

            <input type="button" value="添加" @click="add">
        </div>
            <transition-group appear tag="ul">
                <li v-for="(item,i) in list" :key="item.id" @click="del(i)">
                    {{item.id}} ---- {{item.name}}
                </li>
            </transition-group>
```

图 9-3　小试牛刀组件布局代码

（4）准备列表数据切换过程中动画的样式代码，分别定义从进入到离开过程中的不同样式效果，代码如图 9-4 所示。

```
<style>
    li{
        border: 1px dashed red;
        margin-top: 5px;
        line-height: 40px;
        padding-left: 10px;
    }
    /*鼠标滑过的动画*/
    li:hover{
        background-color: aquamarine;
        transition: all 0.8s ease;
    }

    /**动画初始和结束的时候*/
    .v-enter
    ,.v-leave-to{
        opacity: 0;
        transform: translateY(80px);
    }

    /**入场和离场中*/
    .v-enter-active,
    .v-leave-active{
        transition: all 0.8s ease;
    }

    /* .v-move 和 .v-leave-active 配合使用，能够实现列表后续的元素，渐渐地浮上来的效果 */
    .v-move {
        transition: all 0.6s ease;
    }
    .v-leave-active{
        position: absolute;
    }
</style>
```

图 9-4　小试牛刀组件动画的样式代码

（5）最终页面呈现的组件列表效果如图 9-5 所示。

Id: Name: 添加

- 1 ---- java
- 2 ---- Vue
- 3 ---- Php
- 4 ---- c#

图 9-5　小试牛刀组件列表效果

本章小结

本章主要介绍了动画及各种过渡模式的使用方法。单元素和组件过渡的方法，主要是利用 CSS 实现类名过渡，在需要过渡的组件外层包裹一个 <transition> 标签，过渡过程中总共有 6 个状态的切换，对这 6 个状态定义好类名，并在每个 CSS 实例中准备好相关的过渡样式，配合使用就能实现动画的效果。Vue.js 也提供了过渡过程中的钩子函数，在对应的函数中添加过渡的动画样式也是可行的。针对列表过渡的场景，Vue.js 提供了 <transition-group> 组件，用法与 <transition> 类似，不同点在于 <transition-group> 组件需要对每个元素设置 key 属性，并且在过渡过程中增加了 v-move 的过渡过程。

通过本章的学习，读者需要掌握如何给组件添加过渡状态和动画效果，包括单元素与列表过渡的使用方法，可以利用 CSS 和使用钩子函数的方法实现过渡，也可以通过第三方动画更方便地实现动画效果。

动手实践

学习完前面的内容，下面来动手实践一下吧（案例位置：源码\第9章\源代码\动手实践.html）。

相信很多人都玩过数独游戏，下面我们来实现一个“9×9”的网格数字布局，点击“随机改变”按钮后随机打乱网格中的数字，在打乱的过程中会有动画效果，看上去非常“炫酷”。

我们可以用 lodash 的 shuffle 方法实现随机打乱的效果。

默认的开始效果如图 9-6 所示，点击“随机改变”按钮后，网格中的数字会随机改变位置，效果如图 9-7 所示。

懒惰的数独

继续点击“随机改变”按钮直到你获胜

随机改变

7	4	8	7	4	3	5	7	8
7	1	2	9	9	7	5	7	5
2	5	5	1	3	9	3	6	2
6	7	6	8	5	1	6	9	2
8	3	4	7	3	6	1	8	6
9	6	9	8	9	5	1	2	2
4	8	8	4	4	5	4	4	7
8	3	2	3	1	2	6	1	4
3	2	1	9	6	3	5	9	1

图 9-6　默认的开始效果

图 9-7　点击“随机改变”按钮后的效果

动手实践代码如下：

```
<!DOCTYPE html>
<html lang="en">
<head>
   <meta charset="UTF-8">
   <title>第 9 章动手实践</title>
   <script src="https://cdn.jsdelivr.net/npm/vue@2.5.17/dist/vue.js"></script>
   <script src="https://cdnjs.cloudflare.com/ajax/libs/lodash.js/4.14.1/
lodash.min.js"></script>
</head>
```

```
<body>
<div id="app">
  <h1> 懒惰的数独 </h1>
  <p> 继续点击“随机改变”按钮直到你获胜 </p>

  <button @click="shuffle">
    随机改变
  </button>
  <transition-group name="cell" tag="div" class="container">
    <div v-for="cell in cells" :key="cell.id" class="cell">
      {{ cell.number }}
    </div>
  </transition-group>
</div>
<script>
  new Vue({
    el: '#app',
    data: {
      cells: Array.apply(null, { length: 81 })
          .map((_, index) => {
            return {
              id: index,
              number: index % 9 + 1
            }
          })
    },
    methods: {
      shuffle () {
        this.cells = _.shuffle(this.cells)
      }
    }
  })
</script>
<style>
  .container {
    display: flex;
    flex-wrap: wrap;
    width: 238px;
    margin-top: 10px;
  }
  .cell {
```

```
      display: flex;
      justify-content: space-around;
      align-items: center;
      width: 25px;
      height: 25px;
      border: 1px solid #aaa;
      margin-right: -1px;
      margin-bottom: -1px;
    }
    .cell:nth-child(3n) {
      margin-right: 0;
    }
    .cell:nth-child(27n) {
      margin-bottom: 0;
    }
    .cell-move {
      transition: transform 1s;
    }
  </style>
  </body>
  </html>
```

第10章　可复用性与组合

学习目标

- 掌握混入的使用方法
- 掌握过滤器的使用方法
- 熟悉自定义指令的实现过程

在实际的代码开发过程中，我们不仅需要关注如何用代码实现功能，还要注重代码的质量、代码的可维护性及如何用最少的代码实现每个功能。通常比较初级的开发者会只关注于如何满足功能，当业务逻辑越来越复杂的时候会发现代码已经比较混乱，想修改某个功能却无从下手，甚至导致牵一发而动全身。这类问题非常棘手，潜在的风险也非常大，最终不得不进行重构。

在前期编码过程中进行架构，书写有条理、易维护的代码对每个开发者都非常重要，Vue.js 中也提供了很多的特性来帮助我们简化代码、提高代码质量、节省维护成本，这一章将重点介绍该如何使用这些特性。

慕课视频

可复用性与组合

10.1 混入

在 Vue.js 开发过程中通常会遇到这样一个问题：在一个组件里的 methods 中写了大量的方法或者在 data 中定义了很多字段，导致一个组件变得臃肿不堪，以后再想找某个方法时会很费劲，维护起来较为麻烦。又或者想在两个组件里调用同一个方法，需要在两个组件里将方法都写一遍，这样不仅麻烦，后期维护时也要维护两次。

Vue.js 提供了混入（mixins）来帮助我们解决上述问题。我们可以把公共的部分单独放到一个脚本文件中，然后将这个文件混入组件，这种方法的实际效果跟在组件里定义是一样的。如果一个脚本文件被多个组件混入，那每个组件都可以调用该文件里面的内容，非常方便。

10.1.1　什么是混入

混入是一种分发 Vue.js 组件中可复用功能的非常灵活的方式。混入对象可以包含任意组件选项。当组件使用混入对象时，所有混入对象的选项将被混入该组件本身的选项。混入对象中定义的字段都可以被组件调用，而且哪个组件来调用，混合选项就指向哪个组件的实例。

10.1.2　如何实现混入

混入的使用方式非常简单：首先，定义一个混入对象，对象中包含 Vue.js 实例中的选项。然后在组件中引入这个混入对象。接着在组件的 Vue.js 实例中定义 mixins 字段，该字段用于接收一个数组。最后将混入对象放入数组即可完成引用。数组中可以存放多个混入对象。

参考下面这个简单的案例（案例位置：源码 \ 第 10 章 \ 源代码 \10.1.2.html）。

```
// 定义一个混入对象
var myMixin = {
  created() {
    this.hello()
  },
  methods: {
    hello() {
      console.log('hello from mixin!')
    }
  }
}

// 定义一个使用混入对象的组件
var Component = Vue.extend({
  mixins: [myMixin]
})

var component = new Component() // => "hello from mixin!"
```

从上面的代码中可以看到混入对象中定义了一个函数 hello，在初始化的时候调用这个 hello 函数，在组件中只要引入这个混入对象就会自动执行混入的代码。

10.1.3　全局混入

10.1.2 节使用的是局部混入，也可以把混入的代码单独放到一个文件中，引入需要的组件即可。局部混入只会对引入的组件起作用。当然也可以全局混入，一旦使用全局混入，将会影响所有之后创建的 Vue.js 实例。全局混入使用恰当时，可以为自定义对象注入处理器。

参考下面的案例。

```
// 为自定义的选项 myOption 注入一个处理器。
Vue.mixin({
  created() {
    var myOption = this.$options.myOption
    if (myOption) {
      console.log(myOption)
    }
  }
})

new Vue({
  myOption: 'hello!'
})
// => "hello!"
```

使用全局混入对象需要注意，一旦注册了全局混入，那么就默认会给每一个组件引入这个混入对象。因此，大多数情况下，全局混入只应当应用于自定义选项，就像上面的案例一样，不应该在里面定义其他 Vue.js 实例中的选项，否则应该使用局部混入的方式。

10.1.4 选项合并

当组件和混入对象含有同名选项时，这些选项将以恰当的方式合并。比如，数据对象在内部会进行浅合并（一层属性深度），在混入数据和组件数据发生冲突时，组件数据优先被调用。

参考下面的代码。

```
var mixin = {
  data() {
    return {
      message: 'hello',
      foo: 'abc'
    }
  }
}
new Vue({
  mixins: [mixin],
  data() {
    return {
      message: 'goodbye',
      bar: 'def'
    }
```

```
  },
  created() {
    console.log(this.$data)
    // => { message: "goodbye", foo: "abc", bar: "def" }
  }
})
```

从上面的代码中可以看到，组件内部定义了 data 对象，混入对象中也有 data 对象，两类 data 中的字段冲突的时候默认会以组件内部的为准，没有冲突时会将二者的字段进行合并。

同名钩子函数将混合为一个数组，因此都将被调用。另外，混入对象的钩子函数将在组件自身钩子函数之前被调用。

```
var mixin = {
  created() {
    console.log('混入对象的钩子函数被调用')
  }
}

new Vue({
  mixins: [mixin],
  created() {
    console.log('组件钩子函数被调用')
  }
})

// => "混入对象的钩子函数被调用"
// => "组件钩子函数被调用"
```


从上面的代码中可以看到混入对象中和组件内部都定义了 created 方法，都会被调用，并且混入对象中的先调用，组件内部的后调用。

值为对象的选项，例如 methods、components 和 directives，将被混合为同一个对象。两个对象键名冲突时，取组件对象。

```
var mixin = {
  methods: {
    foo() {
      console.log('foo')
    },
    conflicting() {
      console.log('from mixin')
    }
  }
}
```

```
var vm = new Vue({
  mixins: [mixin],
  methods: {
    bar() {
      console.log('bar')
    },
    conflicting() {
      console.log('from self')
    }
  }
})

vm.foo() // => "foo"
vm.bar() // => "bar"
vm.conflicting() // => "from self"
```

从上面的代码中可以看出，如果定义两个相同的方法名，组件内部的方法会自动覆盖混入对象中的方法，如果不冲突则会被正常调用。

10.2 自定义指令

在日常编码过程中，代码复用和抽象的主要形式是组件，代码被封装成多个子组件以方便在其他组件中使用。然而，在有的情况下，我们仍然需要对普通 DOM 元素进行底层操作，这时候就会用到自定义指令。

Vue.js 本身提供了很多的指令，这些指令能帮助我们处理一些逻辑，简化很多的代码。当然我们也可以自己定义一些指令来简化代码，例如通过一个简单的指令就能实现复杂的逻辑，而且在不同文件里都可以重复使用。

10.2.1 什么是自定义指令

自定义指令的规则是以 v- 开头，后面加上名字，这样就成了一个指令。指令后面可以接收一个值，当这个指令应用在某个标签上时就会因为值的不同带来不同的效果。如果指令后面没有值，则默认是 true。例如 v-if 指令，当该指令后面的值是 true 时就会渲染应用这个指令的标签，如果为 false 就不会渲染。下面我们来看怎么实现一个自定义指令。

10.2.2 怎么实现自定义指令

实现一个自定义指令的过程如下：首先需要注册一个指令。指令注册方法分为全局注册和局部注册。然后，在注册方法中会提供一些钩子函数，在函数中写上指令需要实现的功能代码逻辑。最后在标签上加上这个指令。

下面来实现一个聚焦输入文本框的例子：加载页面时，该元素将获得焦点。事实上，只要你在打开这个页面后还没点击过任何内容，这个输入文本框就应当还是处于聚焦状态。现在让我们用指令来实现这个功能。

全局注册指令如下所示（案例位置：源码 \ 第 10 章 \ 源代码 \10.2.2.html）。

```
// 全局注册一个自定义指令 v-focus
Vue.directive('focus', {
  // 当被绑定的元素插入 DOM 中时……
  inserted(el) {
    // 聚焦元素
    el.focus()
  }
})
```


局部注册指令可利用组件中提供的 directives 对象，在这个对象中可以定义不同的指令。

```
// 局部注册一个自定义指令 v-focus
directives: {
  focus: {
    // 指令的定义
    inserted(el) {
      el.focus()
    }
  }
}
```

从上面的代码中可以看到，我们在指令中定义了一个 inserted 函数，事实上指令中有很多定义好的函数，详情见 10.2.3 节。该函数用于接收一个参数，这个参数是使用这个指令的标签的 DOM 对象，随后就可以进行一些 DOM 操作。这个指令的意思是在使用这个指令的标签被插入完成后调用原生的 focus 方法。

然后就可以在模板中任何元素上使用新的 v-focus 指令，如下所示。

```
<input v-focus>
```

当这个 <input> 标签加载完毕后就会自动聚焦。

10.2.3 钩子函数

指令可以提供如下几个钩子函数（均为可选）。

（1）bind：只调用一次，在指令第一次绑定到元素时调用。在这里可以进行一次性的初始化设置。

（2）inserted：被绑定元素插入父节点时调用（仅保证父节点存在，但不一定已被插入文档中）。

（3）update：所在组件的 VNode 更新时调用，但是也可能发生在其子 VNode 更新之前。指令的值可能发生了改变，也可能没有。我们可以通过比较更新前后的值来忽略不必要的模板更新（详细的钩子函数参数说明见 10.2.4 节）。

（4）componentUpdated：指令所在组件的 VNode 及其子 VNode 全部更新后调用。

（5）unbind：只调用一次，指令与元素解绑时调用。

总共有 5 个钩子函数，类似于生命周期，在不同的时候会触发不同的函数。我们只需要在函数中写入相应的操作逻辑，就能实现指令的强大功能。

10.2.4 参数说明

指令钩子函数会被传入以下参数。

（1）bind：el，指令所绑定的元素，可以用来直接操作 DOM 。

（2）binding：一个对象，包含以下属性。

- name：指令名，不包括 v- 前缀。
- value：指令的绑定值，例如 v-my-directive="1 + 1" 中，指令的绑定值为 2。
- oldValue：指令绑定的前一个值，仅在 update 和 componentUpdated 钩子函数中可用。无论值是否改变都可用。
- expression：字符串形式的指令表达式。例如 v-my-directive="1 + 1" 中，指令表达式为 "1 + 1"。
- arg：传给指令的参数，可选。例如 v-my-directive:foo 中，传给指令的参数为 foo。
- modifiers：一个包含修饰符的对象。例如 v-my-directive.foo.bar 中，修饰符对象为 { foo: true, bar: true }。

（3）vnode：Vue 编译生成的虚拟节点。

（4）oldVnode：上一个虚拟节点，仅在 update 和 componentUpdated 钩子函数中可用。

除了 el 参数之外，其他参数都是只读的，切勿进行修改。如果需要在钩子函数之间共享数据，建议通过元素的 dataset 来进行。

10.3 过滤器

在编码过程中经常会遇到这样一个问题，即给出的数据不是我们想要的格式，需要处理后才可以使用。通常我们会使用计算属性来把数据处理成想要的格式，但是如果多处都需要使用该数据，我们就需要在多处定义处理函数，这会增加很多重复代码。

比如在处理金额的时候，需要把金额处理成具有 2 个小数位的数据或者千分位用逗号隔开。如果一个系统中需要处理多处这类问题，如何才能写一次代码而在多处都能起作用？ Vue.js 提供了过滤器来解决这个问题，下面来介绍一下过滤器的基本概念和使用方法。

10.3.1 什么是过滤器

过滤器，顾名思义就是对数据进行过滤操作的函数。所谓过滤就是把数据整理成需要的格式并返回，实际上并不会改变数据源，而是对数据进行一层包裹，将其变成我们需要的样子。

过滤器可以用在两个地方：双花括号插值和 v-bind 表达式（从 Vue.js 2.1.0 开始支持）。过滤器应该被添加在 JavaScript 表达式的尾部，由“管道”符号指示。过滤器会接收一个参数，即数据源；需要一个返回值，即处理后的数据。

10.3.2 自定义过滤器

Vue.js 允许我们自定义过滤器。自定义过滤器可被用于一些常见的文本格式化操作中。

使用方法可参考下面的代码（案例位置：源码 \ 第 10 章 \ 源代码 \10.3.2.html）。

```
<!-- 在双花括号中 -->
{{ message | capitalize }}
```


从以上的代码中可以看到，在“|”后面有一个过滤器的名字就意味着对前面的数据进行过滤处理，最终呈现出来的是过滤器处理后的数据。

接下来需要定义好过滤器的处理函数。

```
filters: {
  capitalize(value) {
    if (!value) return ''
    value = value.toString()
    return value.charAt(0).toUpperCase() + value.slice(1)
  }
}
```

在 Vue.js 实例中会有一个 filters 字段，这个字段中可以存放所有的过滤器函数，每个函数都会接收一个参数，参数为使用过滤器的字段的原始值。过滤器必须有一个返回值，用于返回最终的数据。上面代码中的是局部过滤器，只会在当前的 Vue.js 组件中生效。

10.3.3 全局过滤器

过滤器也有全局过滤器，使用方法跟局部过滤器很相似，即使用 Vue.js 的 filter 方法注册一个过滤器，该方法接收两个参数，第一个参数是过滤器的名称，第二个参数是过滤器的具体逻辑。全局过滤器一旦注册，在所有的 Vue.js 实例中均可使用。

参考下面的代码。

```
Vue.filter('capitalize', function (value) {
  if (!value) return ' '
```

```
  value = value.toString()
  return value.charAt(0).toUpperCase() + value.slice(1)
})

new Vue({
})
```

上面的代码中全局注册了一个名叫 capitalize 的过滤器，用于将原数据处理成首字母大写的格式。

10.3.4 过滤器传参

过滤器本身就是函数，所以支持传参。默认第一个参数是被过滤的字段的值，接下来才是过滤器中传的参数。

参考下面的代码。

```
{{ message | filterA('arg1', arg2) }}
```

上面的代码中传了两个参数，但是过滤器在接收参数时，会接收三个参数，第一个是 message 的值，第二个是 arg1，第三个是 arg2，依次传递。

过滤器也可以串联使用。我们可以同时为一个变量添加多个过滤器，方法非常简单，只要在过滤器后面接着使用管道符“|”接收别的过滤器名称即可。

参考如下代码。

```
{{ message | filterA | filterB }}
```

10.4 小试牛刀

展示商品列表，将价格以千分撇形式进行显示

在页面上展示一个商品列表，商品有编号、名称和价格等字段，展示价格时需要在前面加上“¥”符号，另外价格数字过长时需要以千位撇隔开（案例位置：源码\第 10 章\源代码\10.4.html）。

（1）准备一段 HTML 代码，并引入 vue.min.js。

（2）定义一个混入，并在混入中的 data 中定义一个 goods 数组，数组中是一些对象，每个对象有 name 和 price 字段，price 是随机的价格数字，代码如图 10-1 所示。

（3）在混入中定义一个过滤器，通过过滤器将价格数字转换为千分撇形式并加上“¥”符号，代码如图 10-1 所示。

```
<script>
  const goodsMixin = {
    data() {
      return {
        // 商品列表
        goods: [
          {name: '电饭煲', price: 1122.22},
          {name: '电视机', price: 3234.2},
          {name: '电冰箱', price: 650.2034},
          {name: '电脑', price: 4032.9930},
          {name: '电磁炉', price: 210.4322}
        ]
      }
    },
    filters: {
      // 对价格设置过滤器
      filterPrice(value) {
        let newValue = []
        newValue = value.toString().split('.')
        // 整数部分千分位展示，小数部分保留两位小数
        newValue[0] = '¥' + (newValue[0] + '').replace(/\d{1,3}(?=(\d{3})+$)/g, '$&,')
        return newValue[0];
      }
    }
  }
  new Vue({
    el: '#app',
    mixins: [goodsMixin]
  })
</script>
```

图 10-1　小试牛刀定义混入的代码

（4）最终页面呈现的效果如图 10-2 所示。

商品名称	价格
电饭煲	¥1,122
电视机	¥3,234
电冰箱	¥650
电脑	¥4,032
电磁炉	¥210

图 10-2　小试牛刀页面最终效果

本章小结

本章主要介绍了混入、自定义指令和过滤器。首先介绍了混入，我们可以把相关代码抽出到单独的部分，并利用 Vue.js 的 mixins 字段将这部分内容引入使用。这样产生的效果等同于在自身组件中定义了混入代码，如果混入代码和自身组件中的代码冲突，将默认以自身组件的为准，对不冲突的部分将进行合并。接着介绍了自定义指令，自定义指令分为全局注册和局部注册，首先利用 Vue.js 提供的 directive 注册指令名称，并在指令的几个渲染过程的钩子函数中定义好操作逻辑，接收 DOM 对象作为参数，然后就可以操控使用指令的 DOM 对象了。最后介绍了过滤器，过滤器分为全局过滤器和局部过滤器，首先在 Vue.js 实例中的 filters 中注册好过滤器，默认接收被过滤的数据作为参数，返回处理后的数据。接着在组件中对过滤的字段通过管道符链接的方式来使用过滤器，最终渲染过滤后的数据。

通过本章的学习，读者需要掌握混入、自定义指令和过滤器的使用方法，以提高代码的质量，

使用恰当的话可以减少很多冗余代码，提高代码的可维护性、可操作性，让 Vue.js 的特性、功能得到充分利用。

动手实践

学习完前面的内容，下面来动手实践一下吧（案例位置：源码\第 10 章\源代码\动手实践 .html）。

我们来实现一个商品列表，每个商品包含商品名称、商品价格，我们可以对每个商品进行删除操作。要求如下。

（1）实现一个自定义指令 v-nodata，指令的功能是当商品列表中没有商品数据时会显示一个 div，div 中有“暂无数据”4 个字，当商品列表中有数据时就不展示。

（2）定义一个过滤器，对商品的金额进行过滤，实现以千分撇形式展示并保留 2 位小数。

（3）实现一个混入，将所有的数据、方法和过滤器都定义在里面。

（4）有一个“还原”按钮，点击按钮后商品中的数据将还原。

商品列表数据定义可参考如下示例。

```
// 商品列表
goodsList: [
  {name: '电饭煲', price: 200.133232},
  {name: '电视机', price: 880.998392},
  {name: '电冰箱', price: 650.2034},
  {name: '电脑', price: 4032.9930},
  {name: '电磁炉', price: 210.4322}
]
```

默认商品列表的效果如图 10-3 所示，没有数据的效果如图 10-4 所示。

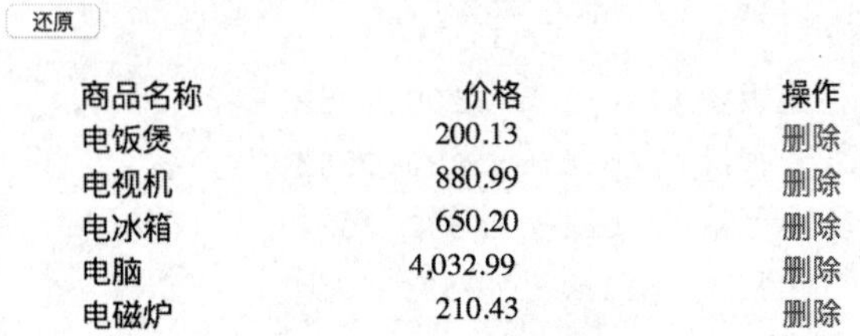

还原

商品名称	价格	操作
电饭煲	200.13	删除
电视机	880.99	删除
电冰箱	650.20	删除
电脑	4,032.99	删除
电磁炉	210.43	删除

图 10-3　默认商品列表的效果

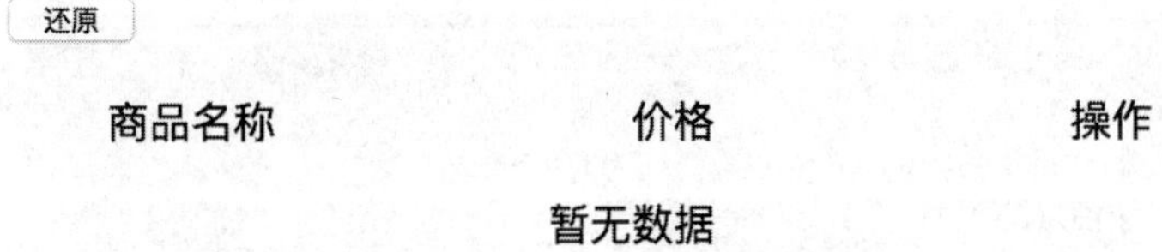

还原

商品名称	价格	操作

暂无数据

图 10-4　没有数据的效果

动手实践代码如下：

```
<!DOCTYPE html>
<html lang="en">
<head>
  <meta charset="UTF-8">
  <title> 第 10 章动手实践 </title>
  <script src="https://cdn.jsdelivr.net/npm/vue@2.5.17/dist/vue.js"></script>
</head>
<body>
<div id="app">
  <button @click="reset"> 还原 </button>
  <div v-noData="{goodsList}">
    <ul>
      <li><span> 商品名称 </span><span> 价格 </span><span> 操作 </span></li>
      <li v-for="(good, index) in goodsList" :key="index">
        <span>{{good.name}}</span>
        <span>{{good.price|filterPrice }}</span>
          <span @click="delGood(index)" style="color: red; cursor:
pointer;"> 删除 </span>
      </li>
    </ul>
  </div>
</div>
<script>
  const goodsMixin = {
    data() {
      return {
        // 商品列表
        goodsList: [
          {name: '电饭煲', price: 200.133232},
          {name: '电视机', price: 880.998392},
          {name: '电冰箱', price: 650.2034},
          {name: '电脑', price: 4032.9930},
          {name: '电磁炉', price: 210.4322}
        ]
      }
    },
    methods: {
      // 删除商品方法
      delGood(index) {
        this.goodsList.splice(index, 1)
```

```
    },
    // 重置商品列表
    reset() {
      this.goodsList = [
        {name: '电饭煲', price: 200.133232},
        {name: '电视机', price: 880.998392},
        {name: '电冰箱', price: 650.2034},
        {name: '电脑', price: 4032.9930},
        {name: '电磁炉', price: 210.4322}
      ]
    }
  },
  filters: {
    // 对价格设置过滤器
    filterPrice(value) {
      let newValue = []
      newValue = value.toString().split('.')
      // 整数部分以千分撇展示，小数部分保留两位小数
      newValue[0] = (newValue[0] + '').replace(/\d{1,3}(?=(\d{3})+$)/g, '$&,')
      return newValue[0] + '.' + newValue[1].slice(0, 2);
    }
  }
}
new Vue({
  el: '#app',
  mixins: [goodsMixin],
  directives: {
    nodata: {
      inserted(el, binding) {
        // 创建 div 元素
        const noData = document.createElement('div');
        // 给创建的元素添加类名
        noData.classList = 'noData'
        // 给创建的元素设置文字
        noData.innerHTML = '暂无数据';
        // 把元素添加到节点上
        el.appendChild(noData)
        // 如果传过来的列表数据为 0 就显示，否则隐藏
        const {goodsList} = binding.value;
        noData.style.display = goodsList.length === 0 ? 'block' : 'none'
      },
```

```
          update(el, binding) {
            // 更新的时候设置元素的显示与隐藏
            const {goodsList} = binding.value;
            el.querySelector('.noData').style.display = goodsList.length ===
0 ? 'block' : 'none';
          }
        }
      },
      data() {
        return {}
      }
    })
  </script>
  <style>
    #app ul li{
      list-style: none;
      width: 400px;
      display: flex;
      justify-content: space-between;
    }
    .noData {
      width: 400px;
      text-align: center;
      margin-left: 40px;
    }
  </style>
  </body>
  </html>
```

第 3 篇 Vue-Router 管理路由跳转

第11章　路由基础与使用

学习目标

- 掌握路由的安装与使用方法
- 掌握动态路由的使用方法
- 掌握编程式路由的使用方法

随着 AJAX 的流行，异步数据请求实现了在不刷新浏览器的情况下更新数据。而异步交互体验的更高级版本就是单页面应用。单页面应用不仅在页面交互时是无刷新的，连页面跳转都是无刷新的。为了得到单页面应用，就产生了前端路由。

类似于服务端路由，前端路由实现起来其实也很简单，就是匹配不同的 URL 路径进行解析，然后动态地渲染出区域HTML内容。路由通常应用在单页面应用上，由于路由利用 hash 值跳转，所以前端路由的变化不会引起页面的刷新。

在开发单页面应用时路由是必不可少的，比如从一个模块跳转到另一个模块需要路由的支持，页面之间的跳转也需要路由，这一章将重点介绍路由的使用方法。

慕课视频

路由基础与使用

11.1　路由介绍

Vue Router 是 Vue.js 官方的路由管理器，它和 Vue.js 的核心深度集成让构建单页面应用变得“易如反掌”。它包含的功能如下。

- 嵌套的路由和视图表。
- 模块化的、基于组件的路由配置。
- 路由参数、通配符。

- 基于 Vue.js 过渡系统的视图过渡效果。
- 细粒度的导航控制。
- 带有自动激活的 CSS class 的链接。
- HTML 5 历史模式或 hash 模式，在 IE 9 中自动降级。
- 自定义的滚动条行为。

11.1.1 什么是路由

路由通过控制地址栏的变化来达到页面跳转的效果，跟动态组件的功能有些类似，通过地址栏参数的匹配来决定渲染哪个组件。我们会事先在路由中定义好匹配规则，当满足条件后渲染对应的组件，页面中的路由视图就会变成组件的内容。

11.1.2 怎么安装路由

路由的使用方法有两种。第一种是直接把路由的脚本文件下载下来，然后在页面里引用；或者在线引用，CDN 上提供了在线路由的链接；直接在文件中引用也可以，就像引用其他的脚本文件一样。第二种方法是使用 npm 安装，在项目和目录的终端输入命令 npm install vue-router 即可完成安装，之后在模块工程中使用时，必须通过 Vue.use() 明确地使用安装路由功能。

使用方式参考下面的代码。

```
// 引入 vue-router
import Vue from 'vue'
import VueRouter from 'vue-router'

Vue.use(VueRouter)
```

上面的代码通常在 Vue.js 的工程入口文件 main.js 中，首先用 import 语法引入 vue 和 vue-router 模块，然后通过 Vue.use(VueRouter) 确认在 Vue.js 中使用 vue-router。

11.2 路由的基本使用

用 Vue.js 和 VueRouter 创建单页面应用是非常简单的。我们可以使用 Vue.js 通过组合组件来创建应用程序，之后要把 VueRouter 添加进来。我们需要做的是将组件（components）映射到路由（routes），然后告诉 VueRouter 在哪里渲染它们。

11.2.1 在 HTML 里实现路由跳转

在 HTML 中使用路由首先需要引入 vue.js 和 vue-router.js 两个文件，其次需要定义好路由匹配到的组件渲染的入口，也就是 <router-view></router-view>，当路由匹配时就会把这个标签渲染成对应的组件。如果需要使用路由跳转，就需要用到 <router-link> 标签，这个标签类似于 HTML 中的 <a> 标签。在 Vue 中必须使用 <router-link> 代替 <a> 标签，参考下面的代码。

```
<script src="https://unpkg.com/vue/dist/vue.js"></script>
<script src="https://unpkg.com/vue-router/dist/vue-router.js"></script>

<div id="app">
  <h1>Hello App!</h1>
  <p>
    <!-- 使用 router-link 组件来导航 . -->
    <!-- 通过传入 to 属性指定链接 . -->
    <!-- <router-link> 默认会被渲染成一个 <a> 标签 -->
    <router-link to="/foo">Go to Foo</router-link>
    <router-link to="/bar">Go to Bar</router-link>
  </p>
  <!-- 路由出口 -->
  <!-- 路由匹配到的组件将渲染在这里 -->
  <router-view></router-view>
</div>
```

从上面的代码中可以看到，首先要在页面中准备一个路由的渲染出口，也就是 <router-view> 标签，最终所有的组件都会在这里被渲染出来。如果想实现路由的跳转则需要用到 <router-link> 标签。to 属性代表的是要跳转的路由地址，点击不同的标签就会跳转到不同的路由地址。

11.2.2 在 JS 中使用路由

在 HTML 中实现路由跳转之后，还需要在 JS 中进行定义。首先要定义好路由跳转的组件，每一个路由地址都对应一个组件。然后定义路由，设置好路由的 path 属性，也就是路由的地址，以及该地址对应的组件。再创建 router 实例，把路由的配置传过去。最后把路由挂载到 Vue.js 的根实例上。这样整个应用就具有路由功能了。

参考下面的代码（案例位置：源码 \ 第 11 章 \ 源代码 \11.2.html）。

```
// 0. 如果使用模块化机制编程导入 Vue 和 VueRouter，需要调用 Vue.use(VueRouter)

// 1. 定义（路由）组件
// 可以从其他文件导入进来
const Foo = { template: '<div>foo</div>' }
const Bar = { template: '<div>bar</div>' }

// 2. 定义路由
// 只是一个组件配置对象
const routes = [
  { path: '/foo', component: Foo },
```

```
    { path: '/bar', component: Bar }
]

// 3. 创建 router 实例，然后传入 routes 配置
const router = new VueRouter({
  routes // （缩写）相当于 routes: routes
})

// 4. 创建和挂载根实例
// 记得要通过 router 配置参数注入路由，从而让整个应用都有路由功能

  new Vue({
    router, // 挂载到根实例
  }).$mount('#app')
// 现在，应用已经启动了
```


通过注入路由，我们可以在任何组件内通过 this.$router 访问路由实例，也可以通过 this.$route 访问当前路由对象。$router 和 $route 的区别在于 $router 是控制路由跳转的，通过访问 $router 可以调用控制路由跳转的方法，参考第 11.5 节，而 $route 是访问路由对象的，可以调用每个路由对象里面的参数，从而进行一些逻辑处理。

由于路由被直接注入到 Vue.js 根实例下了，所以可以在组件中直接使用 this.$router 访问路由实例，我们使用 this.$router 的原因是我们并不想在每个需要独立封装路由的组件中都导入路由。路由实例中还有很多参数，接下来会向大家一一介绍。

11.3 动态路由匹配

上面的路由都有固定的地址，只有跳转的地址跟事先定义的地址一致时才会渲染对应的组件。但是在项目过程中通常需要动态的地址，可能其中有一个地址变量是随时变化的，不管地址变量如何变化都会渲染相同的组件，这个时候就需要动态路由来实现。

11.3.1 什么是动态路由

我们经常需要把某种模式匹配到的所有路由全都映射到同一个组件。例如，有一个 User 组件，所有 id 各不相同的用户都要使用这个组件来渲染，那么，我们可以在 vue-router 的路由路径中使用动态路径参数（dynamic segment）来实现这个效果。

```
const router = new VueRouter({
  routes: [
    // 动态路径参数以冒号开头
```

```
    { path: '/user/:id', component: User }
  ]
})
```

在上面的代码中，在 path 后面的地址里有一个变量前面加了冒号，表示这个变量是动态的，也就是说只要路由地址第一个变量是“/ user”，无论第二个变量值是什么都会被匹配，如“/user/foo”和“/user/bar”都将被映射到相同的路由。

路径参数使用冒号（:）标记。当匹配到一个路由时，参数值会被设置到 this.$route.params，可以在每个组件内使用。于是，我们可以更新 User 的模板，输出当前用户的 id，如下所示（案例位置：源码 \ 第 11 章 \ 源代码 \11.3.html）。

```
const User = {
  template: '<div>User {{ $route.params.id }}</div>'
}
```

我们可以在一个路由中设置多段路径参数，对应的值都会被设置到 $route.params 中。动态路由匹配方式见表 11-1。

表11-1　动态路由匹配方式

模式	匹配路径	$route.params
/user/:username	/user/evan	{ username: 'evan' }
/user/:username/post/:post_id	/user/evan/post/123	{ username: 'evan', post_id: 123 }

除了 $route.params 外，$route 对象还提供了其他有用的信息，如 $route.query（如果 URL 中有查询参数）、$route.hash 等。详细情况可以查看 Vue API 文档的说明。

11.3.2　路由参数的变化

当使用路由参数时，例如从“/user/foo”导航到“/user/bar”，原来的组件实例会被复用。因为两个路由都可以渲染同一个组件，比起销毁再创建，复用则显得更加高效。不过，这也意味着组件的生命周期钩子函数不会再被调用。

复用组件时，如果想对路由参数的变化做出响应，可以简单地 watch（监测）$route 对象。使用方法参考下面的代码。

```
const User = {
  template: '...',
  watch: {
    '$route' (to, from) {
      // 对路由参数的变化做出响应……
    }
  }
}
```

$route 对象监听时有两个参数，第一个是原跳转过来的路由信息，第二个是跳转后的路由信息，里面包括路由的所有参数信息。$route 对象会根据路由信息做一些逻辑判断，或者使用 beforeRouteUpdate 守卫，参考下面的代码。

```
const User = {
  template: '...',
  beforeRouteUpdate (to, from, next) {

  }
}
```

这种方式和 watch 相比多了一个参数 next，最后必须调用 next 方法才能完成路由的跳转。

11.4 嵌套路由的使用

嵌套路由是指路由里面还会有其他子路由，这是由于界面由多层组件组合而成，URL 中的各层路径对应嵌套的各层组件。每一个子路由里面可以嵌套多个组件，子组件又有路由导航和路由容器。

嵌套路由需要多个渲染的出口，也就是需要多个 <router-view></router-view> 标签，最顶层的标签是顶级路由的渲染出口，子组件中的 <router-view> 标签是子路由的渲染出口，如下面的代码所示（案例位置：源码 \ 第 11 章 \ 源代码 \11.4.html）。

```
<div id="app">
  <router-view></router-view>
</div>
const User = {
  template: '<div>User {{ $route.params.id }}</div>'
}

const router = new VueRouter({
  routes: [
    { path: '/user/:id', component: User }
  ]
})
```

上面代码中的 <router-view> 是最顶层的渲染出口，渲染最高级路由匹配到的组件。同样地，一个被渲染组件同样可以包含自己的嵌套 <router-view>。例如，可在 User 组件的模板添加一个 <router-view>，如下面的代码所示。

```
const User = {
  template: `
    <div class="user">
```

```
      <h2>User {{ $route.params.id }}</h2>
      <router-view></router-view>
    </div>
  `
}
```

要在嵌套的出口中渲染组件，需要在 VueRouter 的参数中使用 children 配置，也就是在之前每个路由对象里面增加一个 children 字段，用以代表子路由。这个字段是一个数组，能接收多个子路由，然后将子路由的配置以对象的方式配置好，如下面的代码所示。

```
const router = new VueRouter({
  routes: [
    { path: '/user/:id', component: User,
      children: [
        {
          // 当 /user/:id/profile 匹配成功，
          // UserProfile 会被渲染在 User 的 <router-view> 中
          path: 'profile',
          component: UserProfile
        },
        {
          // 当 /user/:id/posts 匹配成功，
          // UserPosts 会被渲染在 User 的 <router-view> 中
          path: 'posts',
          component: UserPosts
        }
      ]
    }
  ]
})
```

需要注意的是，以“/”开头的嵌套路径会被当作根路径，这样就可以使用嵌套组件而无须设置嵌套的路径。你会发现，children 配置就是像 routes 配置一样的路由配置数组，所以可以嵌套多层路由。此时，基于上面的配置，访问“/user/foo”时，User 的出口不会渲染任何东西，这是因为没有匹配到合适的子路由。如果想要渲染什么内容，可以提供一个空的子路由。参考下面的示例。

```
const router = new VueRouter({
  routes: [
    {
      path: '/user/:id', component: User,
      children: [
        // 当 /user/:id 匹配成功，
        // UserHome 会被渲染在 User 的 <router-view> 中
```

```
        { path: '', component: UserHome },

        // ……其他子路由
      ]
    }
  ]
})
```

11.5 编程式导航

除了使用 <router-link> 创建 <a> 标签来定义导航链接外，我们还可以借助 router 的实例方法，在 JS 中通过 Vue.js 提供的方法来实现跳转。Vue.js 提供了几个方法来帮助我们操控路由，实现和 <router-link> 一样的跳转效果。

在 Vue.js 实例内部，我们可以通过 this.$router 访问路由实例，获取实例后就可以调用实例内部的方法，包括实例的对象内部的字段。

11.5.1 router.push 的使用方法

想要导航到不同的 URL，可以使用 router.push 方法。这个方法会向 history 栈添加一个新的记录，所以，当用户点击浏览器“后退”按钮时，将回到之前的 URL。

当点击 <router-link> 时，这个方法会在内部被调用，所以点击 <router-link :to="..."> 等同于调用 router.push(...)。

该方法的参数可以是一个字符串路径，或者一个描述地址的对象等。参考如下代码。

```
// 字符串
this.$router.push('home')

// 对象
this.$router.push({ path: 'home' })

// 命名的路由
this.$router.push({ name: 'user', params: { userId: 123 }})

// 带查询参数，变成 /register?plan=private
this.$router.push({ path: 'register', query: { plan: 'private' }})
```

从上面的代码中可以看到，第一种参数，传入一个字符串，代表路由跳转到的是这个字符串里的地址。第二种参数，传入对象并设定好 path 字段，会跳转到“/home”地址。第三种参数，对象是命名的路由，name 字段代表路由的名字，params 字段代表传入动态参数的键值对，详情可参看第 11.6 节。最后一种参数，对象传入的 query 字段是地址栏参数的键值对，是路由地址问号后面的部分，最终会跳转到“/register?plan=private”地址。

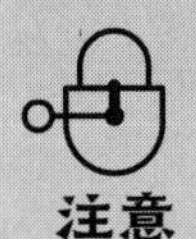
注意

如果提供了 path，params 字段会被忽略，上述例子中的 query 并不会被忽略。如果想要将 path 和 params 一起使用，需要参考下面案例的做法，提供路由的 name 或手写完整的带有参数的 path。

参考下面的代码，在 Vue 实例中调用 path 和 params。

```
const userId = 123
this.$router.push({ name: 'user', params: { userId }}) // -> /user/123
this.$router.push({ path: `/user/${userId}` }) // -> /user/123
// 这里的 params 不生效
this.$router.push({ path: '/user', params: { userId }}) // -> /user
```


11.5.2 router.replace 的使用方法

router.replace 的使用方法和 router.push 的很像，唯一的不同是，router.replace 方法不会向 history 添加新记录，而是会替换当前的 history 记录。在这种情况下点击浏览器的“返回”按钮是无法回到上一个路由地址的。

Vue.js 2.2.0 及其以上版本在 router.push 或 router.replace 方法中提供了两个可选参数，即 onComplete 和 onAbort，可将其回调作为第二个参数和第三个参数。这些回调将会在导航成功完成（在所有的异步钩子被解析之后）或终止（导航到相同的路由或在当前导航完成之前导航到另一个不同的路由）的时候进行相应的调用。

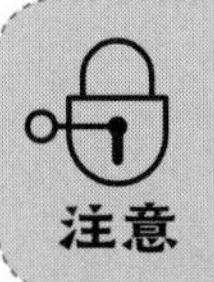
注意

如果目的地址和当前路由相同，只有参数发生了改变（比如从一个用户到另一个用户），你需要使用 beforeRouteUpdate 来响应这个变化（比如抓取用户主动输入的信息）。

11.5.3 router.go 的使用方法

router.go 的参数是一个整数，意思是在 history 记录中前进或者后退多少步，其作用类似浏览器提供的 window.history.go(n)，它也是实现页面回退的，参考下面在 Vue.js 实例中调用的方式。

```
// 在浏览器记录中前进一步，等同于 history.forward()
this.$router.go(1)

// 后退一步记录，等同于 history.back()
this.$router.go(-1)
```

```
// 前进 3 步记录
this.$router.go(3)

// 如果 history 记录不够用，就会失败
this.$router.go(-100)
this.$router.go(100)
```

11.6 命名路由

有时候，通过一个名称来标识一个路由更方便一些，特别是在链接一个路由，或者执行一些跳转的时候。我们可以在创建 Router 实例的时候，在 routes 配置中给某个路由设置名称。

11.6.1 什么是命名路由

命名路由，顾名思义就是给路由取个名字。这样，跳转路由时可以直接根据名字进行跳转，同时可以传递一些参数，这些参数就是动态路由。

11.6.2 命名路由的使用方法

使用命名路由时需要在路由配置中定义好 name 属性，用来代表这个路由的名字，同时可以加上动态路由的属性名称。动态路由与命名路由结合使用是比较常见的，参考下面的代码。

```
const router = new VueRouter({
  routes: [
    {
      path: '/user/:userId',
      name: 'user',
      component: User
    }
  ]
})
```

要跳转到一个命名路由，可以给 <router-link> 的 to 属性传入一个对象，如下所示。

```
<router-link :to="{ name: 'user', params: { userId: 123 }}">User</router-link>
```

还可以在组件实例中使用代码调用 router.push()。

```
this.$router.push({ name: 'user', params: { userId: 123 }})
```

这两种方式都会把路由导航到“/user/123”路径。

11.7 命名视图

有时候想同时（同级）展示多个视图，而不是嵌套展示，例如创建一个布局，要求有侧导航（sidebar）和主内容（main）两个视图，这个时候命名视图就派上用场了。我们可以通过命名视图在界面中拥有多个单独命名的视图，而不是只有一个单独的出口。如果 router-view 没有设置名字，那么默认为 default。

11.7.1 什么是命名视图

所谓视图就是有多个 <router-view> 标签作为路由的渲染出口。但是出口多了之后需要添加一个 name 属性来区分哪个路由应该渲染到哪个 <router-view> 标签，这就形成了命名视图。

定义命名视图，首先需要在 .vue 文件中的 <router-view> 标签定义好 name 属性，并确保属性值不会重复。参考下面的代码。

```
<router-view class="view one"></router-view>
<router-view class="view two" name="a"></router-view>
<router-view class="view three" name="b"></router-view>
```

其次需要将在路由的配置文件中定义的组件和路由名称对应起来，以确保一个视图使用一个组件渲染，因此在一个路由中，多个视图需要多个组件。最后要确保正确使用 components 字段，components 字段是一个对象，以视图名称加上组件名称的对应方式进行定义，参考下面的代码。

```
const router = new VueRouter({
  routes: [
    {
      path: '/',
      components: {
        default: Foo,
        a: Bar,
        b: Baz
      }
    }
  ]
})
```

11.7.2 嵌套命名视图

我们可以使用命名视图来创建嵌套视图这类复杂布局。这时需要命名用到的嵌套 <router-view> 组件，也就是在嵌套路由的基础上使用命名路由。其使用方法和命名视图的相似，但是需要在子路由的基础上加上命名路由。

例如，组件 UserSettings 被渲染在“/settings”路由下面。该组件中有多个路由视图的渲染出口，其中有一个命名路由。UserSettings 组件的 <template> 部分可参考下面的这段代码。

```
<!-- UserSettings.vue -->
<div>
  <h1>User Settings</h1>
  <NavBar/>
  <router-view/>
  <router-view name="helper"/>
</div>
```

由于路由配置中有嵌套路由的配置，子路由中还存在嵌套视图，所以要对子路由中的命名路由进行配置。参考代码如下。

```
{
  path: '/settings',
  // 你也可以在顶级路由中配置命名视图
  component: UserSettings,
  children: [{
    path: 'emails',
    component: UserEmailsSubscriptions
  }, {
    path: 'profile',
    components: {
      default: UserProfile,
      helper: UserProfilePreview
    }
  }]
}
```


11.8 重定向和别名

在使用路由时经常会遇到重定向的场景，比如访问一个路由地址时，会自动跳转到另一个路由。在 Vue.js 中只需要使用简单的重定向即可完成路由地址跳转。如果用户访问一个路由地址时保持路由显示不变，但是会实际访问另一个路由所匹配的组件，这时候就需要使用路由别名。

11.8.1 怎么使用重定向

重定向也是通过 routes 配置来完成的，只需要在每个 routes 配置中添加一个 redirect 参数即可，参数值是跳转到的新路由的地址。下面的案例是从“/a”重定向到“/b”。

```
const router = new VueRouter({
  routes: [
    { path: '/a', redirect: '/b' }
  ]
})
```

重定向的目标也可以是一个命名路由，如下所示。

```
const router = new VueRouter({
  routes: [
    { path: '/a', redirect: { name: 'foo' }}
  ]
})
```

重定向的目标甚至可以是一个方法，以目标路由作为参数，动态返回重定向目标，如下所示。

```
const router = new VueRouter({
  routes: [
    { path: '/a', redirect: to => {
      // 方法接收目标路由作为参数
      // 返回重定向的字符串路径或路径对象
    }}
  ]
})
```

11.8.2 别名的功能

“/a”的别名是“/b”，意味着当用户访问“/b”时，URL 会保持为“/b”，但是路由匹配为“/a”，就像用户访问“/a”一样。对应的路由配置如下。

```
const router = new VueRouter({
  routes: [
    { path: '/a', component: A, alias: '/b' }
  ]
})
```

别名的功能是可以自由地将 UI 结构映射到任意的 URL，而不受限于配置的嵌套路由结构。

11.9 路由组件传参

在组件中使用 $route 会使之与其对应路由高度耦合，从而使组件只能在某些特定的 URL 上使用，限制了其灵活性。这个时候可以使用 props 将组件和路由解耦，在配置路由时定义好 props

选项，这样在组件中获取路由参数信息时只需要通过 props 字段即可。

通常情况下获取路由参数代码如下。

```
const User = {
  template: '<div>User {{ $route.params.id }}</div>'
}
const router = new VueRouter({
  routes: [
    { path: '/user/:id', component: User }
  ]
})
```

通过 props 解耦的方法代码如下。

```
const User = {
  props: ['id'],
  template: '<div>User {{ id }}</div>'
}
const router = new VueRouter({
  routes: [
    { path: '/user/:id', component: User, props: true },

    // 对于包含命名视图的路由，必须分别为每个命名视图添加 props 选项
    {
      path: '/user/:id',
      components: { default: User, sidebar: Sidebar },
      props: { default: true, sidebar: false }
    }
  ]
})
```

通过 props 解耦后就可以在任何地方使用该组件，使得该组件更易于重用和测试。组件传参可以定义为多种模式，包括布尔模式、对象模式、函数模式等。

11.9.1 布尔模式

如果 props 被设置为 true，也就是布尔模式，这个时候 route.params 会被设置为组件属性。参考代码如下。

```
const router = new VueRouter({
  routes: [
    { path: '/promotion/from-newsletter', component: Promotion, props: true }
  ]
})
```

11.9.2 对象模式

如果 props 是一个对象，它会被按原样设置为组件属性，但是只有当 props 里属性值是静态的时候才能实现。参考代码如下。

```
const router = new VueRouter({
  routes: [
    { path: '/promotion/from-newsletter', component: Promotion, props: { newsletterPopup: false } }
  ]
})
```

11.9.3 函数模式

除了可以使用以上两种模式外，还可以创建一个函数来返回 props，这样便可以将参数转换成另一种类型，将静态值与基于路由的值结合。方法接收路由对象作为参数，参考下面的代码。

```
const router = new VueRouter({
  routes: [
    { path: '/search', component: SearchUser, props: (route) => ({ query: route.query.q }) }
  ]
})
```

在传递参数时，例如在浏览器的地址栏中输入 URL /search?q=vue，会将 {query: 'vue'} 作为属性传递给 SearchUser 组件。尽可能保持 props 函数为无状态的，因为它只会在路由发生变化时起作用。

11.10 路由的 history 模式

vue-router 默认使用的是 hash 模式——使用 URL 的 hash 来模拟一个完整的 URL。于是当 URL 改变时，页面不会重新加载。

使用 hash 模式时，浏览器的地址栏会默认带“#”，如果不想要这个“#”，我们可以用路由的 history 模式，这种模式充分利用 history.pushState API 来完成 URL 跳转而无须重新加载页面。定义 history 模式的方法很简单，只需要在配置路由时设置一个 mode 属性，属性值为 history 即可。

```
const router = new VueRouter({
  mode: 'history',
  routes: [...]
})
```

使用 history 模式时，地址栏中输入的 URL 正常地显示网址，不会带上“#”，不过使用这种模式需要后台配置支持。因为我们的应用是单页面客户端应用，如果后台没有正确的配置，当用户在浏览器直接访问另一个链接，例如 http://oursite.com/user/id，就会返回 404 错误页面。

所以要在服务端增加一个覆盖所有情况的候选资源，此后如果 URL 匹配不到任何静态资源，则返回同一个 index.html 页面，这个页面就是 App 依赖的页面。

下面介绍一个后端配置实例。

Apache 服务器配置方式的代码如下。

```
<IfModule mod_rewrite.c>
  RewriteEngine On
  RewriteBase /
  RewriteRule ^index\.html$ - [L]
  RewriteCond %{REQUEST_FILENAME} !-f
  RewriteCond %{REQUEST_FILENAME} !-d
  RewriteRule . /index.html [L]
</IfModule>
```


除了 mod_rewrite，我们也可以使用 FallbackResource。

Nginx 服务器配置方式的代码如下。

```
location / {
  try_files $uri $uri/ /index.html;
}
```

原生 Node.js 服务器配置方式的代码如下。

```
const http = require('http')
const fs = require('fs')
const httpPort = 80

http.createServer((req, res) => {
  fs.readFile('index.htm', 'utf-8', (err, content) => {
    if (err) {
      console.log('We cannot open "index.htm" file.')
    }

    res.writeHead(200, {
      'Content-Type': 'text/html; charset=utf-8'
    })

    res.end(content)
  })
}).listen(httpPort, () => {
  console.log('Server listening on: http://localhost:%s', httpPort)
})
```

像上面这样配置了后端之后，服务器就不再返回 404 错误页面，因为所有路径都会返回 index.html 页面。如果要避免这种情况，我们应该在 Vue.js 里面覆盖所有的路由情况，再给出一个 404 错误页面。

```
const router = new VueRouter({
  mode: 'history',
  routes: [
    { path: '*', component: NotFoundComponent }
  ]
})
```

或者使用 Node.js 服务器，通过服务器路由匹配得到的 URL，并在没有匹配到路由的时候返回 404 错误页面，以实现回退。

11.11 小试牛刀

展示框架列表，点击“查看详情”按钮跳转到详情页面

在页面上展示一个框架列表，列表中的框架是前端常用的框架，包括框架编号和名称，并有一个“查看详情”按钮，点击按钮会跳转到详情页面。详情页面有框架的详细信息，包括框架的年龄和作者信息，点击不同的框架就会展示对应框架的详情（案例位置：源码\第 11 章\源代码\11.11.html）。

（1）准备一段 HTML 代码，并引入 vue.min.js。

（2）定义一个列表页面的组件。在 data 属性中定义一个数组，数组中包括每个框架的 id 和 name 字段，并增加一个点击按钮的事件，点击后跳转到详情页面并将 id 属性传递到详情页面。代码如图 11-1 所示。

```
// 1. 定义（路由）组件。
const Index = {
  template: `
  <div>
    <router-view style="margin-left: 200px"></router-view>
    <div>
      <ul>
        <li v-for="(item, index) in list" :key="index" @click="getInfo(item.id)">
          <span>{{item.id}}</span>
          <span>{{item.name}}</span>
          <button>查看详情</button>
        </li>
      </ul>
    </div>
  </div>`,
  data() {
    return {
      list: [
        {name: 'React', id: 1},
        {name: 'Vue', id: 2},
        {name: 'Angular', id: 3},
      ]
    }
  },
  methods: {
    getInfo(index) {
      this.$router.push({name: 'info', params: {id: index}})
    }
  }
}
```

图 11-1 小试牛刀框架代码

（3）定义框架详情页面的组件。在 data 属性中定义一个 list 字段，存放对应组件的详细信息，包括姓名、年龄和作者，并将路由中的 id 与数组中的 id 进行匹配，展示对应框架的信息。代码如图 11-2 所示。

```
const Info = {
  template: `
    <div>
      <h1>框架信息</h1>
      <p>姓名: {{user.name}}</p>
      <p>年龄: {{user.age}}</p>
      <p>作者: {{user.author}}</p>
    </div>
  `,
  data() {
    return {
      list: [
        {id:1, name: 'React', age: 3, author: 'Facebook'},
        {id:2, name: 'Vue', age: 4, author: '尤雨熙'},
        {id:3, name: 'Angular', age: 5, author: 'Google'},
      ]
    }
  },
  computed: {
    user() {
      return this.list.filter(item => this.$route.params.id == item.id)[0]
    }
  }
}
```

图 11-2　小试牛刀详情页面组件代码

（4）定义路由匹配表，主要包括主页和详情页面两个路由匹配表，详情页面对应的是一个动态路由，当输入其他路由时自动跳转到主页路由。代码如图 11-3 所示。

```
// 2. 定义路由
// 每个路由应该映射一个组件
const routes = [
  {path: '/', redirect: '/index'},
  {
    path: '/index',
    component: Index,
  },
  {
    name: 'info',
    path: '/info/:id',
    component: Info
  }
]

// 3. 创建 router 实例，然后传入 'routes' 配置
const router = new VueRouter({
  routes // (缩写) 相当于 routes: routes
})

new Vue({
  router,
  methods: {}
}).$mount('#app')
```

图 11-3　小试牛刀定义路由匹配表代码

（5）框架列表页面效果如图 11-4 所示。

（6）框架详情页面信息如图 11-5 所示。

- 1 React 查看详情
- 2 Vue 查看详情
- 3 Angular 查看详情

图 11-4　小试牛刀框架列表页面效果

框架信息

姓名: React

年龄: 3

作者: Facebook

图 11-5　小试牛刀框架详情页面信息

本章小结

本章主要介绍了路由的基本使用方法。首先介绍了如何定义好路由的配置文件。路由配置其实就是一个数组，数组里的每一个对象定义的是每一个路由的配置选项，主要包括 path 和 component 两个字段，path 字段定义的是路由跳转的地址，component 字段定义的是这个路由地址下对应匹配的组件。

然后介绍了动态路由。动态路由是在静态路由的路径上使用动态路径参数，来实现动态匹配，同时加上 name 属性，变成命名路由，能搭配动态路由一起使用。

还介绍了嵌套路由。配置嵌套路由只需在路由配置中加 children 字段即可，children 字段中可以再配置其他路由，与定义单个路由的方式一致。嵌套路由可以嵌套多层，如果路径由多个路由的地址组合而成，就会渲染子路由的组件，否则只会渲染父路由的组件。

定义好路由文件之后只要在入口文件中通过 new VueRouter 方法传入路由的配置就可以使用了，接着需要在组件中通过 <router-view> 标签来渲染路由的出口，通过 <router-link> 标签来实现路由的跳转，当然在 JS 代码中通过编程式导航也能够完成路由的跳转。

最后介绍了路由的几种模式。如果使用 history 模式，需要在后端进行配置来配合路由的使用，不同后端语言的配置方法略有不同。

通过本章的学习，读者需要掌握路由的基本使用方法，因为通常在单页面开发过程中必须使用路由来模拟页面的跳转，根据不同的 URL 来展示不同的页面。与常规的页面跳转不一样的是页面本身不会刷新，只会渲染不同的组件，所以性能体验会提升不少。

动手实践

学习完前面的内容，下面来动手实践一下吧（案例位置：源码\第 11 章\源代码\动手实践 .html）。

我们来做一个简单的网站。网站包括导航标签部分和一个固定的列表页面，切换导航后会展示不同的导航区域内容，点击列表页面人物的“查看详情”按钮后会跳转到一个详情页面，用于展示点击的那条数据的详细信息，详情页面的内容必须与所点击的信息保持一致。对网站样式不做要求，只需要实现相应功能即可。

路由配置信息可参考如下代码。

```
// 路由配置
const routes = [
    {path: '/', redirect: '/index'},
    {
      path: '/index',
      component: Index,
      children: [{
        component: IndexPage,
        path: ''
      }, {
        component: Nav1,
        path: 'nav1'
      }, {
        component: Nav2,
        path: 'nav2'
      }, {
        component: Nav3,
        path: 'nav3'
      }
      ]
    },
    {
      name: 'userInfo',
      path: '/userInfo/:id',
      component: UserInfo
    }
  ]
```

默认进来时的效果如图 11-6 所示，点击导航按钮切换导航标签时效果如图 11-7 所示，点击“查看详情”按钮时的效果如图 11-8 所示。

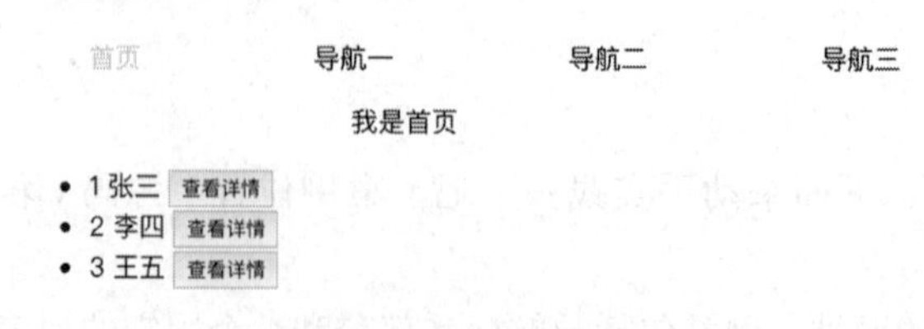

图 11-6　默认进来时的效果

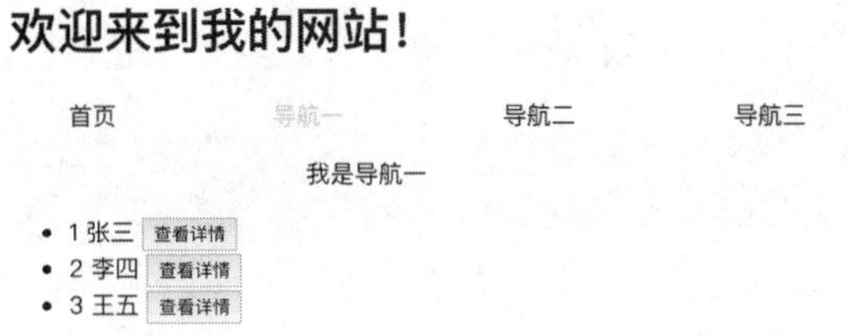

欢迎来到我的网站！

首页　导航一　导航二　导航三

我是导航一

- 1 张三 查看详情
- 2 李四 查看详情
- 3 王五 查看详情

图 11-7　点击导航按钮切换导航标签时的效果

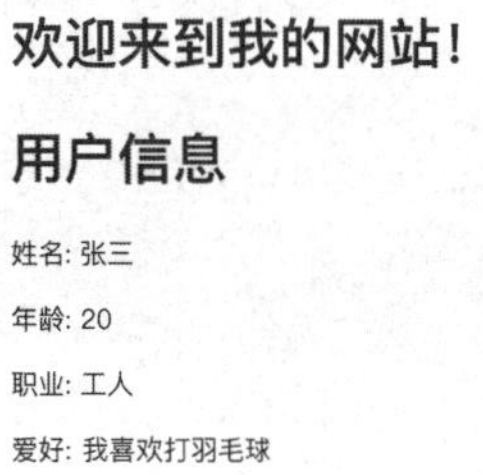

欢迎来到我的网站！

用户信息

姓名: 张三

年龄: 20

职业: 工人

爱好: 我喜欢打羽毛球

图 11-8　点击“查看详情”按钮时的效果

动手实践代码如下：

```
<!DOCTYPE html>
<html lang="en">
<head>
  <meta charset="UTF-8">
  <title>第 11 章动手实践 </title>
  <script src="https://cdn.jsdelivr.net/npm/vue@2.5.17/dist/vue.js"></script>
  <script src="https://unpkg.com/vue-router/dist/vue-router.js"></script>

  <div id="app">
    <h1>欢迎来到我的网站！ </h1>
    <!-- 路由出口 -->
    <!-- 路由匹配到的组件将渲染在这里 -->
    <router-view></router-view>
  </div>
</head>
<body>

<script>
  // 1. 定义（路由）组件
  const Index = {
    template: `
    <div>
      <div class="nav">
        <ul>
              <router-link tag="li" :style="{color: $route.path === item.path ? 'aqua' : ''}" v-for="(item, index) in navBarList" :key="index" :to="item.path"> {{ item.name }}</router-link>
        </ul>
      </div>
      <router-view style="margin-left: 200px"></router-view>
      <div>
        <ul>
```

```
        <li v-for="(item, index) in userList" :key="index" @click="getUserInfo
(item.id)">
          <span>{{item.id}}</span>
          <span>{{item.username}}</span>
          <button> 查看详情 </button>
        </li>
      </ul>
    </div>
  </div>`,
  data() {
    return {
      navBarList: [
        {name: " 首页 ", path: '/index'},
        {name: " 导航一 ", path: '/index/nav1'},
        {name: " 导航二 ", path: '/index/nav2'},
        {name: " 导航三 ", path: '/index/nav3'}
      ],
      userList: [
        {username: ' 张三 ', id: 1},
        {username: ' 李四 ', id: 2},
        {username: ' 王五 ', id: 3},
      ]
    }
  },
  methods: {
    getUserInfo(index) {
      this.$router.push({name: 'userInfo', params: {id: index}})
    }
  }
}
const IndexPage = {template: '<div> 我是首页 </div>'}
const Nav1 = {template: '<div> 我是导航一 </div>'}
const Nav2 = {template: '<div> 我是导航二 </div>'}
const Nav3 = {template: '<div> 我是导航三 </div>'}
const UserInfo = {
  template: `
    <div>
      <h1> 用户信息 </h1>
      <p> 姓名 : {{user.name}}</p>
      <p> 年龄 : {{user.age}}</p>
      <p> 职业 : {{user.job}}</p>
```

```
        <p>爱好：{{user.hobby}}</p>
      </div>
    `,
    data() {
      return {
        userInfoList: [
          {id:1, name: '张三', age: 20, job: '工人', hobby: '我喜欢打羽毛球'},
          {id:2, name: '李四', age: 40, job: '学生', hobby: '我喜欢跑步'},
          {id:3, name: '王五', age: 30, job: '老师', hobby: '我喜欢打篮球'},
        ]
      }
    },
    computed: {
      user() {
        return this.userInfoList.filter(item => this.$route.params.id == item.
id)[0]
      }
    }
  }

  // 2. 定义路由
  // 每个路由应该映射一个组件
  const routes = [
    {path: '/', redirect: '/index'},
    {
      path: '/index',
      component: Index,
      children: [{
        component: IndexPage,
        path: ''
      }, {
        component: Nav1,
        path: 'nav1'
      }, {
        component: Nav2,
        path: 'nav2'
      }, {
        component: Nav3,
        path: 'nav3'
      }
      ]
```

```
    },
    {
      name: 'userInfo',
      path: '/userInfo/:id',
      component: UserInfo
    }
  ]

  // 3. 创建 router 实例，然后传入 'routes' 配置
  const router = new VueRouter({
    routes //（缩写）相当于 routes: routes
  })

  // 4. 创建和挂载根实例
  // 记得要通过 router 配置参数注入路由，从而让整个应用都有路由功能


  // Home.vue
  new Vue({
    router,
    methods: {}
  }).$mount('#app')

</script>

<style>
  .nav ul li {
    display: inline;
    list-style: none;
    cursor: pointer;
    margin-right: 100px;
  }

  .nav ul li:hover {
    color: aqua;
  }
</style>
</body>
</html>
```

第12章 路由进阶与提升

学习目标

- 掌握路由导航守卫的使用方法
- 掌握路由滚动行为获取与设置的方法
- 掌握路由懒加载的使用方法

在掌握了基本的路由使用方法后，我们已经能够实现简单的路由匹配，包括实现动态路由、命名路由等功能。vue-router 还提供了更为强大的路由功能，方便我们在不同的场景下使用。

在真实开发过程中，我们经常需要对路由进行拦截和过滤，当不满足匹配的条件时，就不让路由进行跳转。这个时候可以对每个路由设置元信息，在路由跳转之前设置导航守卫，这样就可以在不满足匹配条件的情况下阻止路由的跳转。另外，在路由跳转前后获取数据也是常有的需求，我们同样可以在路由跳转过程中设置请求数据，跳转后将数据返回给页面。

慕课视频

路由进阶与提升

另外还有很多其他的高级功能，包括设置路由跳转的动态过滤效果、路由懒加载及提升性能等，将一并在本章进行介绍。

12.1 导航守卫

导航守卫中的“导航”表示路由正在跳转，“守卫”表示在跳转过程中对路由进行处理。vue-router 提供的导航守卫主要通过跳转或取消的方式来触发导航过程中的守卫，在这个过程中我们有多种机会植入路由，包括全局的路由配置（全局守卫）、单个路由独享的配置（路由内的守卫），或者在组件里面进行配置（组件内的守卫）。

需要注意的是参数或查询的改变并不会触发进入或离开的导航守卫，但是可以通过观察 $route 对象来响应这些变化，或使用 beforeRouteUpdate 组件内提供的钩子函数来处理。

参考代码如下。

```
const router = new VueRouter({ ... })
watch: {
  $route(to,from,next) {
      // 通过观察来响应变化
  }
},
// 通过组件内的钩子函数来处理
beforeRouteUpdate((to, from, next) => {
  // 可以写一些具体逻辑
})
```


在路由跳转过程中的完整导航解析流程如下。

（1）导航被触发。

（2）在失活的组件里调用离开守卫。

（3）调用全局的 beforeEach 守卫。

（4）在重用的组件里调用 beforeRouteUpdate 守卫（2.2.0 版本及以上）。

（5）在路由配置里调用 beforeEnter。

（6）解析异步路由组件。

（7）在被激活的组件里调用 beforeRouteEnter。

（8）调用全局的 beforeResolve 守卫（2.5.0 版本及以上）。

（9）导航被确认。

（10）调用全局的 afterEach 钩子。

（11）触发 DOM 更新。

（12）用创建好的实例调用 beforeRouteEnter 中传给 next 的回调函数。

12.1.1 全局守卫

导航守卫分为全局守卫、路由内的守卫、组件内的守卫 3 种。这里介绍的是全局守卫。使用全局守卫前需要在路由的配置文件中调用路由的 router.beforeEach 方法，注册全局守卫。

参考下面的代码。

```
const router = new VueRouter({ ... })

router.beforeEach((to, from, next) => {
})
```

可以注册多个全局守卫，当进入一个导航时，全局守卫按照创建的顺序依次进行调用。守卫是异步解析执行的，此时导航在所有守卫处理完之前一直处于等待中的状态。

每个守卫方法可以接收 3 个参数。

（1）to：即将进入的目标路由对象。

（2）from：当前导航正要离开的路由对象。

（3）next：需要调用该方法来处理钩子函数，执行效果由 next 方法的调用参数决定。

next 方法可接收不同的参数，代表的意思也不一样，下面来依次介绍不同的传参方式。

● next()：不传参数，代表处理完成，执行管道中的下一个钩子函数。如果全部钩子函数执行完成，则导航的状态就是确认的（confirmed），此时会按照之前的约定跳转路由。

● next(false)：中断当前的导航。如果浏览器的 URL 改变了（可能是用户手动输入或者点击浏览器“后退”按钮造成的），那么 URL 地址会重置到 from 路由对应的地址，也就是开始跳转之前的路由地址。

● next('/') 或者 next({ path: '/' })：跳转到一个不同的地址。当前的导航被中断，然后进行一个新的导航。在新的导航中可以传入路由跳转本身可带的所有参数。

● next(error)：（2.4.0 及其以上版本）如果传入 next 的参数是一个 Error 实例，则当前导航会被终止且该错误会被传递给 router.onError() 注册过的回调函数。

要确保调用 next 方法，否则钩子函数就不会被解析完成，导航不会继续执行下去。

12.1.2 路由内的守卫

我们可以在路由配置上直接定义 beforeEnter 守卫，使用方法和全局守卫大致是一样的，不同点在于这个守卫只会对当前的路由生效，对别的路由不起作用。路由内的守卫与全局守卫的方法参数是一样的。

参考下面的代码（案例位置：源码 \ 第 12 章 \ 源代码 \12.1.html）。

```
const router = new VueRouter({
  routes: [
    {
      path: '/foo',
      component: Foo,
      beforeEnter: (to, from, next) => {
      }
    }
  ]
})
```

12.1.3 组件内的守卫

如果不想在路由的配置文件中定义守卫，我们可以在路由组件内直接定义以下守卫。Vue.js 提供了 3 个路由的导航钩子函数。

● beforeRouteEnter：在路由即将进入之前执行。

● beforeRouteUpdate：在路由更新之前执行。

● beforeRouteLeave：在当前路由即将离开之前执行。

每个钩子函数的接收参数和路由内的守卫参数一样，都是 to、from 和 next，使用方法参考如下代码。

```
const Foo = {
  template: "",
  beforeRouteEnter (to, from, next) {
    // 在渲染该组件的对应路由被 confirm 前调用
    // 不能获取组件实例 this
    // 因为在守卫执行前，组件实例还没被创建
  },
  beforeRouteUpdate (to, from, next) {
    // 在当前路由改变，但是该组件被复用时调用
    // 举例来说，一个带有动态参数的路径 /foo/:id，在 /foo/1 和 /foo/2 之间跳转的时候
    // 由于会渲染同样的 Foo 组件，因此组件实例会被复用
    // 而这个钩子就会在这个情况下被调用
    // 可以访问组件实例 this
  },
  beforeRouteLeave (to, from, next) {
    // 导航离开该组件的对应路由时调用
    // 可以访问组件实例 this
  }
}
```

beforeRouteEnter 守卫不能访问实例 this，因为守卫在导航确认前被调用，这个时候组件实例还没有创建完成。

不过，我们可以通过传入一个回调函数给 next 来访问组件实例。在导航被确认的时候执行回调，并且把组件实例作为回调方法的参数。参考下面的代码。

```
beforeRouteEnter (to, from, next) {
  next(vm => {
    // 通过 vm 访问组件实例
  })
}
```

beforeRouteEnter 是支持给 next 传递回调函数的唯一守卫。对于 beforeRouteUpdate 和 beforeRouteLeave 来说，this 已经可用了，所以不支持传递回调。参考下面的代码。

```
beforeRouteUpdate (to, from, next) {
  this.name = to.params.name
  next()
}
```

```
beforeRouteLeave (to, from , next) {
  const answer = window.confirm('Do you really want to leave? you have unsaved changes!')
```

```
    if (answer) {
        next()
    } else {
        next(false)
    }
}
```

这个离开守卫通常用来禁止用户在还未保存修改前突然离开。该导航可以通过 next(false) 来取消。

12.2 路由元信息的配置与使用

在开发过程中经常会遇到在访问有的页面时进行是否需要权限的判断，如果需要权限就跳转到登录页面的情形。这个时候，在定义每个路由时可以额外传递一些数据，这样在使用路由时就可以通过这些数据来进行判断。传递数据时通常会定义一个 meta 字段，该字段是一个对象，在对象中可以设置任意的数据。这个 meta 字段就是路由元信息。将这部分数据在路由配置文件中进行配置，这样在访问对应的路由时就可以进行逻辑判断。比如，可以设置某个页面需要登录，如果没有登录就进行拦截，跳转到登录页面。

参考下面的代码。当访问“/foo/bar”这个路由时需要权限。

```
const router = new VueRouter({
  routes: [
    {
      path: '/foo',
      component: Foo,
      children: [
        {
          path: 'bar',
          component: Bar,
          meta: { requiresAuth: true }
        }
      ]
    }
  ]
})
```

在上面的代码中，我们在子路由中添加了一个 meta 字段，这个字段是一个对象，我们在对象中定义了一个 requiresAuth 字段并设置其值为 true，代表用户在访问这个路由时需要授权。接着在路由的导航守卫过程中可以访问这个 meta 对象，并根据 requiresAuth 字段的值来判断是否允许跳转，如果为 false 就跳转到登录页面。

具体访问 meta 字段是通过路由对象，也就是 $route 来进行的。$route 下面有一个 $route.matched 数组，我们需要遍历 $route.matched 数组来获取路由记录中的 meta 字段。

具体使用方法可参考下面的代码。

```
router.beforeEach((to, from, next) => {
  if (to.matched.some(record => record.meta.requiresAuth)) {
    // 检查是否需要权限，如果登录了就正常访问
    // 如果没登录就跳转到登录页面
    if (!auth.loggedIn()) {
       next({
         path: '/login',
         query: { redirect: to.fullPath }
       })
    } else {
       next()
    }
  } else {
     next() // 确保一定要调用 next()
  }
})
```


12.3 动态过渡效果

<router-view> 是用于渲染匹配的组件，我们可以用 <transition> 组件将其包裹起来并添加一些过渡效果。与动态组件过渡的方法几乎一样，首先用 <transition> 标签包裹 <router-view> 标签，接着通过类名加动画效果的样式来实现动态过渡效果。

```
<transition>
  <router-view></router-view>
</transition>
```

12.3.1 单个路由的过渡

使用上面的方法可直接在路由渲染出口加动态过渡效果，这样会给所有路由设置一样的动态过渡效果。如果想让每个路由组件有各自的动态过渡效果，可以在各路由组件内使用 <transition> 并设置不同的 name 属性，也就是将根标签用 <transition> 包裹起来，然后以各自的 name 属性为基础设置一些 CSS 样式。

参考下面的代码。

```
const Foo = {
  template: `
    <transition name="slide">
      <div class="foo">...</div>
    </transition>
  `
}

const Bar = {
  template: `
    <transition name="fade">
      <div class="bar">...</div>
    </transition>
  `
}
```

12.3.2 基于路由的动态过渡

我们可以基于当前路由与目标路由的变化关系，设置动态过渡效果，也就是绑定一个动态的name属性，然后根据目标路由和当前路由的变化关系，设置不同的name值。将不同的name值与不同的CSS过度样式对应，这样就能形成不同的动态效果了。

使用方法参考下面的代码。

```
<!-- 使用动态的 transition name -->
<transition :name="transitionName">
  <router-view></router-view>
</transition>
// 接着在父组件内
// watch $route 语句决定使用哪种过渡
watch: {
  '$route' (to, from) {
     const toDepth = to.path.split('/').length
     const fromDepth = from.path.split('/').length
     this.transitionName = toDepth < fromDepth ? 'slide-right' : 'slide-left'
  }
}
```

12.4 获取数据

在很多场景下进入某个路由时，需要用接口请求数据。例如，在渲染用户信息时，我们需要从服务器获取用户的数据，通常有两种实现方式。

- 在导航完成之前获取：在导航跳转之前先去请求数据，也就是在路由守卫中获取数据，在数据获取成功后导航跳转。
- 在导航完成之后获取：先完成导航跳转，跳转之后组件开始初始化，依次执行组件的生命周期钩子函数，然后在组件生命周期钩子函数中获取数据。在获取数据期间显示“加载中”之类的提示。

12.4.1 在导航完成前获取

在导航完成之前获取是指在导航跳转到新的路由前获取数据，需要在导航守卫中请求数据。我们可以在组件的 beforeRouteEnter 或 beforeRouteUpdate 守卫中获取数据，当数据获取成功后调用 next 方法。

在 beforeRouteEnter 的钩子函数中，由于组件尚未渲染完成，所以并不能通过 this 访问组件实例，需要在 next 函数中通过回调函数来设置请求回调的数据。

而 beforeRouteUpdate 的钩子函数会稍微不一样，因为此时组件已经渲染完成，所以在这个钩子函数中可以通过 this 访问组件实例。

参考下面的代码，通过 getPost 方法来请求数据，获取到数据后再通过 setData 方法来保存或更新数据。

```
export default {
  data () {
    return {
      post: null,
      error: null
    }
  },
  beforeRouteEnter (to, from, next) {
    getPost(to.params.id, (err, post) => {
      next(vm => vm.setData(err, post))
    })
  },
  // 路由改变前，组件就已经渲染完成
  beforeRouteUpdate (to, from, next) {
    this.post = null
    getPost(to.params.id, (err, post) => {
      this.setData(err, post)
```

```
      next()
    })
  },
  methods: {
    setData (err, post) {
      if (err) {
        this.error = err.toString()
      } else {
        this.post = post
      }
    }
  }
}
```

由于这种方式在导航跳转前获取数据，而请求数据的时间无法确定，所以在数据返回之前导航都不能完成跳转，而是处于长时间的白屏等待状态，这个时候的用户体验并不是很好，所以建议增加进度条或者其他提示，也建议增加数据获取失败后的错误提示。

12.4.2 在导航完成后获取

当使用在导航完成后获取的方式时，导航会立刻跳转，跳转完成后依次执行生命周期中的钩子函数，然后我们可以在组件的 created 钩子函数中请求接口获取数据。在请求数据发起前和接收到数据的过程中可以展示一个 loading 状态，还可以在不同视图间展示不同的 loading 状态。

具体使用参考下面的代码。假设我们有一个 Post 组件，需要基于 $route.params.id 获取文章数据。

```
<template>
  <div class="post">
    <div class="loading" v-if="loading">
      Loading...
    </div>

    <div v-if="error" class="error">
      {{ error }}
    </div>

    <div v-if="post" class="content">
      <h2>{{ post.title }}</h2>
      <p>{{ post.body }}</p>
    </div>
  </div>
</template>
```

```
export default {
  data () {
    return {
      loading: false,
      post: null,
      error: null
    }
  },
  created () {
    // 组件创建完后获取数据，
    // 此时 data 已经被初始化了
    this.fetchData()
  },
  watch: {
    // 如果路由有变化，会再次执行该方法
    '$route': 'fetchData'
  },
  methods: {
    fetchData () {
      this.error = this.post = null
      this.loading = true
      // 请求接口
      getPost(this.$route.params.id, (err, post) => {
        this.loading = false
        if (err) {
          this.error = err.toString()
        } else {
          this.post = post
        }
      })
    }
  }
}
```


12.5 页面滚动

在页面开发过程中经常会遇到这样一个场景：当从一个列表页面跳转到详情页面再返回列表页面时，我们希望相应的列表停留在之前滑动的位置，或者希望这个列表能返回到顶部位置。通过原生 JavaScript 代码实现这个场景比较麻烦，需要每次记住用户滑动的位置和其与顶部的距离，在合适的机会通过操作 DOM 使之还原。

但是，在 vue-router 中实现这个场景非常简单，它提供了可以自定义路由切换页面时滚动的方法。并且在用户离开页面时会自动保存离开时的位置信息，下次再进入同样的页面就可以直接跳转到相应的位置。

12.5.1 如何实现页面的滚动

在创建 Router 实例时，可以定义一个 scrollBehavior 方法，这个方法会接收 3 个参数，第一个和第二个参数是 to 和 from 路由对象，第三个参数 savedPosition 是保存的位置信息，当点击浏览器的“前进”与“后退”按钮则会保存上一次该页面离开时的 pageXOffset 与 pageYOffset 的值，同时当且仅当 popstate 导航（通过点击浏览器的“前进”或“后退”按钮触发）时才可用。

使用方法可参考如下代码。

```
const router = new VueRouter({
  routes: [...],
  scrollBehavior (to, from, savedPosition) {
    // return 期望滚动到哪个位置
  }
})
```

该方法接收的返回值是一个位置对象，这个对象包含 x 和 y 的坐标信息，即 { x: number, y: number }。

在较高版本中可以加入 selector 的选择器，表示滚动到对应的锚点位置，selector 值是锚点 ID，参考语法如下。

```
{ selector: string, offset? : { x: number, y: number }}
```

其中，offset 只在 2.6.0 及其以上版本被支持。

如果返回一个 falsy（注意：不是 false）的值，或者是一个空对象，那么不会发生滚动。

例如对于所有路由导航，实现让页面滚动到顶部的效果，可参考下面的代码。

```
scrollBehavior (to, from, savedPosition) {
  return { x: 0, y: 0 }
}
```

可以改造一下返回离开页面时的位置，在点击“后退”或“前进”按钮后，就会像浏览器的原生表现那样，由于 savedPosition 第一次跳转路由时值为 null，而第二次跳转时返回上一次离开该页面时的 pageXOffset 与 pageYOffset 的值，所以需要判断 savedPosition 是否存在。参考下面的代码。

```
scrollBehavior (to, from, savedPosition) {
  if (savedPosition) {
    return savedPosition
  } else {
    return { x: 0, y: 0 }
```

```
    }
  }
```

如果要模拟“滚动到锚点”的行为,我们可以返回一个带 selector 属性的对象,参考如下代码。

```
scrollBehavior (to, from, savedPosition) {
  if (to.hash) {
    return {
      selector: to.hash
    }
  }
}
```

12.5.2 异步滚动

异步滚动是指先加载后滚动，不和路由跳转到动作同时进行。由于 Promise 本身是异步的，所以我们可以借助 Promise 对象来实现异步滚动，只需要返回一个 Promise 对象即可。

例如，使用异步滚动来实现延迟 0.5 秒滚动，参考如下代码。

```
scrollBehavior (to, from, savedPosition) {
  return new Promise((resolve, reject) => {
    setTimeout(() => {
      resolve({ x: 0, y: 0 })
    }, 500)
  })
}
```

12.6 路由懒加载

Vue.js 一般被用来做单页面开发。单页面开发时通常会使用 Webpack 打包工具进行打包，打包时会把所有的代码打包在一起，这样在首页加载时会变得非常缓慢。这个时候使用路由懒加载可以分开打包，进入路由才会加载对应路由组件的代码，大大提升性能。

打包构建应用时，所有的代码会被打包到 app.js 的 JavaScript 文件，导致包变得非常大，影响页面加载速度。使用路由懒加载后，打包时能把不同路由对应的组件分割成不同的代码块进行打包，当路由被访问的时候才加载对应组件到代码，这样就更加高效了，用户体验也会大大提升。

结合 Vue.js 的异步组件和 Webpack 的代码分割功能，可以轻松实现路由懒加载。下面介绍使用懒加载的具体步骤。

首先，将异步组件定义为返回一个 Promise 的函数。该函数返回的 Promise 应该是 resolve 组件本身。利用 Promise 的异步处理功能将组件对象放在函数内部，如下所示。

```
const Foo = () => Promise.resolve({ /* 组件定义对象 */ })
```

然后，在 Webpack 中，我们可以使用动态 import 语法来引入组件，如下所示。

```
import('./Foo.vue') // 返回 Promise
```

如果打包工具使用的是 Babel 解析器，则需要安装 syntax-dynamic-import 插件才能使 Babel 正确地解析语法。

最后，定义一个能够被 Webpack 自动代码分割的异步组件，如下所示。

```
const Foo = () => import('./Foo.vue')
```

定义完成后，在路由配置中什么都不需要改变，只需要像往常一样使用 Foo 即可，代码如下所示。

```
const router = new VueRouter({
  routes: [
    { path: '/foo', component: Foo }
  ]
})
```

有时候我们想把某个路由下的所有组件都打包到一个异步块 (chunk) 中，只需要使用命名 chunk，然后以一个特殊的注释语法来提供 chunk name（需要 Webpack 2.4 及其以上本版）即可。参考如下代码。

```
const Foo = () => import(/* webpackChunkName: "group-foo" */ './Foo.vue')
const Bar = () => import(/* webpackChunkName: "group-foo" */ './Bar.vue')
const Baz = () => import(/* webpackChunkName: "group-foo" */ './Baz.vue')
```

12.7 小试牛刀

在页面上展示人员列表信息，其中职业信息需要登录后才能查看

在页面上展示基本信息，包括姓名、年龄和职业，但是职业需要登录后才能查看，如果当前用户没有登录则会先跳转到登录页面。输入正确的用户名、密码（示例为 admin、123456）后跳转到职业信息页面，展示职业信息（案例位置：源码 \ 第 12 章 \ 源代码 \12.7.html）。

（1）准备一段 HTML 代码，并引入 vue.min.js。

（2）分别注册 3 个组件：一个首页组件，用于展示首页个人信息；一个登录组件，用于输入用户名和密码进行登录；还有一个结果页面组件，用于展示职业信息。代码如图 12-1 所示。

```
const Index = {
  template: `<div><h3>个人信息展示</h3><ul><li>姓名: 张三</li><li>年龄: 30</li><li>职业: <router-link to="/job">需登录后查看</router-link></li></ul></div>`,
  beforeRouteLeave (to, from , next) {
    const answer = window.confirm('是否确认需要查看机密信息? ')
    if (answer) {
      next()
    } else {
      next(false)
    }
  }
}

const auth = {login: false}

const Job = {
  template: `<div>职业: 前端开发工程师</div>`
}

const Login = {
  template: `
    <div>
      <p>用户名: <input type="text" v-model="username"></p>
      <p>密码: <input type="password" v-model="password"></p>
      <p><input type="button" value="登录" @click="login"></p>
    </div>
```

图 12-1　小试牛刀框架列表代码

（3）添加路由导航守卫，判断当前路由地址是否需要登录，如果需要登录并且当前用户没有登录过，则跳转到登录页面。代码如图 12-2 所示。

```
router.beforeEach((to, from, next) => {
  if (to.matched.some(record => record.meta.requiresAuth)) {
    // 检查是否需要权限，如果登录了就正常访问
    // 如果没登录就跳转到登录界面
    if (!auth.login) {
      next({
        path: '/login',
        query: { redirect: to.fullPath }
      })
    } else {
      next()
    }
  } else {
    next() // 确保一定要调用 next()
  }
})
```

图 12-2　小试牛刀添加路由导航守卫的代码

（4）添加路由配置文件，设置好每个路由所对应的组件。代码如图 12-3 所示。

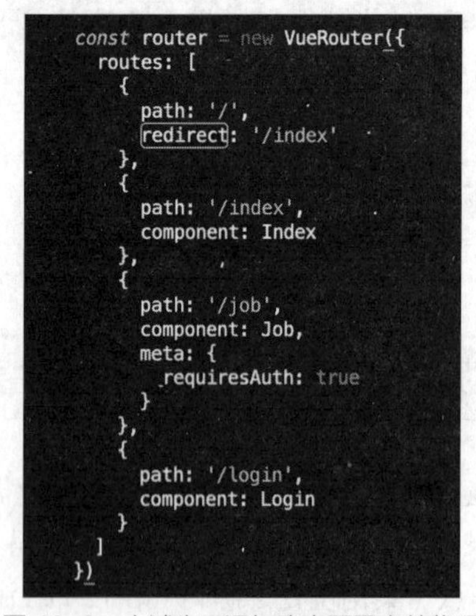

```
const router = new VueRouter({
  routes: [
    {
      path: '/',
      redirect: '/index'
    },
    {
      path: '/index',
      component: Index
    },
    {
      path: '/job',
      component: Job,
      meta: {
        requiresAuth: true
      }
    },
    {
      path: '/login',
      component: Login
    }
  ]
})
```

图 12-3　小试牛刀添加路由配置文件代码

（5）在路由渲染的页面外层用 <transition> 标签进行嵌套，同时编写对应的动画样式。代码如图 12-4 和图 12-5 所示。

```
<div id="app">
  <h1 v-if="$route.path==='/login'">请登录!</h1>
  <!-- 路由出口 -->
  <!-- 路由匹配到的组件将渲染在这里 -->
  <transition name="bounce">
    <router-view></router-view>
  </transition>
</div>
```

图 12-4　小试牛刀路由渲染代码

```
<style>
  .bounce-enter-active {
    animation: bounce-in .5s;
  }
  .bounce-leave-active {
    animation: bounce-in .5s reverse;
  }
  @keyframes bounce-in {
    0% {
      transform: scale(0);
    }
    50% {
      transform: scale(1.5);
    }
    100% {
      transform: scale(1);
    }
  }
</style>
```

图 12-5　小试牛刀动画样式代码

（6）在查看工作信息路由跳转时进行路由导航判断，确认是否需要查看信息，确认之后再跳转，否则不跳转。代码如图 12-6 所示。

```
  beforeRouteLeave (to, from , next) {
    const answer = window.confirm('是否确认需要查看机密信息? ')
    if (answer) {
      next()
    } else {
      next(false)
    }
  }
}
```

图 12-6　小试牛刀路由离开时进行确认代码

（7）最终页面呈现效果如图 12-7~ 图 12-9 所示。

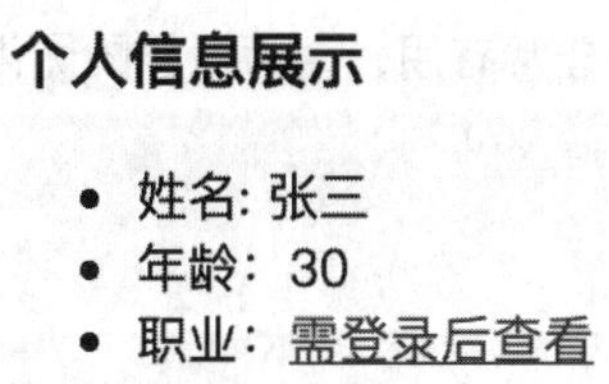

个人信息展示

- 姓名: 张三
- 年龄：30
- 职业：需登录后查看

图 12-7　小试牛刀主页个人信息

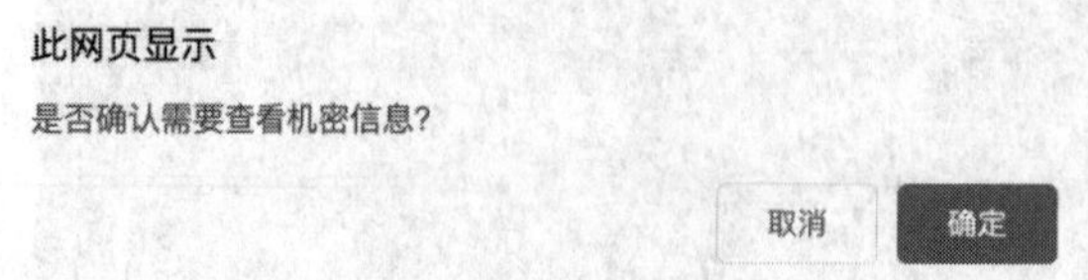

此网页显示

是否确认需要查看机密信息?

取消 确定

图 12-8 小试牛刀查看信息提示框

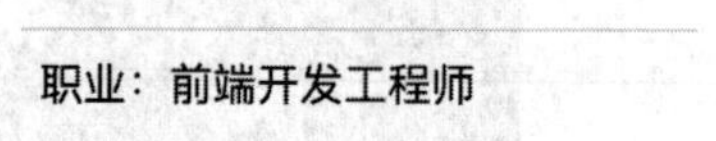

职业：前端开发工程师

图 12-9 小试牛刀登录后查看职业信息

本章小结

本章介绍了路由的深入使用方法，包括导航守卫、元信息的配置与使用、动态过渡效果、如何在路由跳转过程中获取数据、页面滚动和路由懒加载的使用方法。

首先介绍了导航守卫的使用方法。在开发过程中经常需要对路由进行拦截和过滤，导航守卫其实就是一个方法，能接收跳转前的路由对象、跳转后的路由对象和 3 个参数，根据对参数信息的判断来确定是否让路由跳转。导航守卫可以在全局中使用，也可以在单个路由中使用，甚至可以在组件中使用，使用方法都是一致的。

然后介绍了路由元信息的配置与使用。我们可以在定义路由对象时加入一些自定义的参数，方便在获取路由对象时进行判断和调用。定义的方法很简单，就是添加一个 meta 字段，其值是一个对象，在对象中可以自定义各种字段。

接着介绍了如何在路由跳转过程中获取数据。路由渲染类似于动态组件，所以可以给路由渲染出口 <router-view> 标签包裹 <transition> 标签，再配合一些 CSS 使用，这样在路由组件重新渲染时就可以产生一些动画的效果了。同时在路由跳转的时候可以请求接口获取数据，请求方式分为两种，在路由跳转前请求和在路由跳转后请求，两种方式略有一些区别，各有优劣，需要根据实际情况选择。

之后介绍了页面滚动。在 vue-router 中，页面滚动时可以记录滚动的位置，利用这个特性在某些场景下可以实现，在离开某个路由再进入它的时候回到离开时的位置，这个特性在移动端往往非常有用。

最后介绍了路由懒加载功能的实现方式。因为单页面通常最终是使用 Webpack 进行打包的，如果把所有的路由组件都一次性打包到一起，文件会过于庞大，往往在进入主页面的时候会非常卡顿。路由懒加载可以实现按需分块打包，只有在访问对应路由时才会加载对应的组件，所以性能较好。

通过本章的学习，读者需要掌握路由的高级使用方法，这些方法在正常的需求下可能无须被使用，但是在某些特定场景下往往会非常有用，会为性能的优化与提升带来很大的帮助。

动手实践

学习完前面的内容，下面来动手实践一下吧（案例位置：源码 \ 第 12 章 \ 源代码 \ 动手实

践 .html)。

我们先准备一个登录页面、一个主页面和一个二级页面，访问每一个页面时需要判断用户有没有登录，如果没有登录就要跳转到登录页面先登录，只有当登录的用户名和密码输入正确时才能登录成功，否则提示登录失败。登录成功后跳转到主页面，在主页面点击链接可以跳转到二级页面，但是在离开主页面之前需要弹出提示框让用户确认是否需要离开，只有当用户确认离开时才能跳转到二级页面。

另外，我们给路由跳转添加一个动画效果，动画效果需要根据路由路径（path）长度来选择，如果即将跳转到的路由 path 比当前页面的长，就用其相应的动画效果，否则使用另一种动画效果。

路由配置可参考如下代码。

```
// 商品列表
routes: [
        {
          path: '/',
          redirect: '/index'
        },
        {
          path: '/index',
          component: Foo,
          meta: {
            requiresAuth: true
          }
        },
        {
          path: '/index/second',
          component: Second,
        },
        {
          path: '/login',
          component: Login
        }
      ]
```

默认进来时的登录页面如图 12-10 所示；当登录用户名或密码错误时弹出错误提示框，如图 12-11 所示；登录成功后跳转到主页面，如图 12-12 所示；当离开主页面时弹出提示框，如图 12-13 所示；从主页面跳转到二级页面，如图 12-14 所示。

请登录!

用户名：

密码：

登录

图 12-10　默认进来时的登录页面

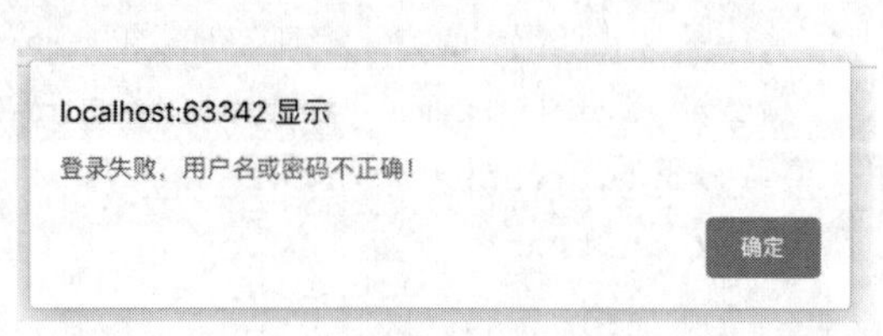

图 12-11　登录用户名或密码错误时弹出错误提示框

Hello admin!

登录成功！我是主页面跳转到二级页面

图 12-12　登录成功效果

图 12-13　离开主页面时弹出提示框

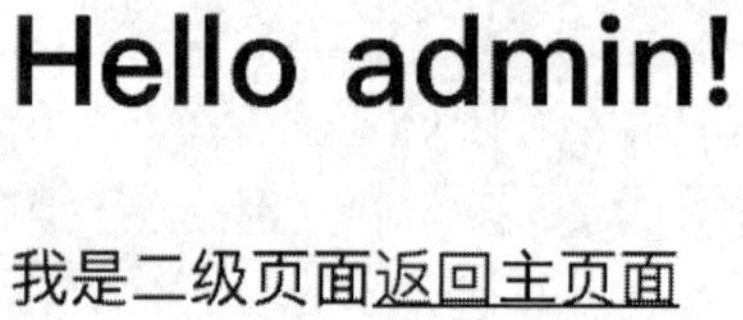

Hello admin!

我是二级页面返回主页面

图 12-14　二级页面效果

动手实践代码如下：

```
<!DOCTYPE html>
<html lang="en">
<head>
  <meta charset="UTF-8">
  <title> 第 12 章动手实践 </title>
  <script src="https://cdn.jsdelivr.net/npm/vue@2.5.17/dist/vue.js"></script>
  <script src="https://unpkg.com/vue-router/dist/vue-router.js"></script>

  <div id="app">
    <h1 v-if="$route.path==='/login'"> 请登录 !</h1>
    <h1 v-else>Hello admin!</h1>
    <!-- 路由出口 -->
    <!-- 路由匹配到的组件将渲染在这里 -->
    <transition :name="transitionName">
      <router-view></router-view>
    </transition>
  </div>
```

```
  </head>
  <body>

  <script>
    const Foo = {
      template: `<div>登录成功！我是主页面<router-link to="/index/second">跳转到二
级页面</router-link></div>`,
      beforeRouteLeave (to, from , next) {
        const answer = window.confirm('是否真的要退出？ ')
        if (answer) {
          next()
        } else {
          next(false)
        }
      }
    }

    const auth = {login: false}

    const Second = {
      template: `<div>我是二级页面<router-link to="/index">返回主页面</router-
link></div>`
    }

    const Login = {
      template: `
        <div>
          <p>用户名：<input type="text" v-model="username"></p>
          <p>密码：<input type="password" v-model="password"></p>
          <p><input type="button" value="登录" @click="login"></p>
        </div>
      `,
      data() {
        return {
          username: '',
          password: ''
        }
      },
      methods: {
        login() {
          if(this.username === 'admin' && this.password === '123456') {
```

```
          auth.login = true
          this.$router.push('/index')
        } else {
          alert('登录失败，用户名或密码不正确！ ')
        }
      }
    }
  }

const router = new VueRouter({
  routes: [
    {
      path: '/',
      redirect: '/index'
    },
    {
      path: '/index',
      component: Foo,
      meta: {
        requiresAuth: true
      }
    },
    {
      path: '/index/second',
      component: Second,
    },
    {
      path: '/login',
      component: Login
    }
  ]
})

router.beforeEach((to, from, next) => {
  if (to.matched.some(record => record.meta.requiresAuth)) {
    // 检查是否需要权限，如果登录了就正常访问
    // 如果没登录就跳转到登录界面
    if (!auth.login) {
      next({
        path: '/login',
        query: { redirect: to.fullPath }
```

```
        })
      } else {
        next()
      }
    } else {
      next() // 确保一定要调用 next()
    }
  })

  new Vue({
    router, // 挂载到根实例
    watch: {
      '$route' (to, from) {
        const toDepth = to.path.split('/').length
        const fromDepth = from.path.split('/').length
        this.transitionName = toDepth < fromDepth ? 'bounce' : 'slide-fade'
      }
    },
    data() {
      return {
        transitionName: ''
      }
    }

  }).$mount('#app')

</script>
<style>
  /* 可以设置不同的进入和离开动画 */
  /* 设置持续时间和动画函数 */
  .slide-fade-enter-active {
    transition: all .3s ease;
  }
  .slide-fade-leave-active {
    transition: all .8s cubic-bezier(1.0, 0.5, 0.8, 1.0);
  }
  .slide-fade-enter, .slide-fade-leave-to
    /* .slide-fade-leave-active for below version 2.1.8 */ {
    transform: translateX(10px);
    opacity: 0;
  }
```

```
    .bounce-enter-active {
      animation: bounce-in .5s;
    }
    .bounce-leave-active {
      animation: bounce-in .5s reverse;
    }
    @keyframes bounce-in {
      0% {
        transform: scale(0);
      }
      50% {
        transform: scale(1.5);
      }
      100% {
        transform: scale(1);
      }
    }
  </style>
  </body>
  </html>
```

第 4 篇
Vuex 状态管理

第13章　Vuex概念与使用

学习目标

- 掌握Vuex的概念与安装
- 掌握Vuex的数据流传输过程
- 掌握Vuex的使用方法

在项目开发过程中经常会遇到处理数据流的问题，比如数据的单向和双向传递，组件与组件之间的数据共享和传递。如果项目比较小、组件之间的依赖关系比较简单，我们可以通过使用父子组件数据传递的方法来解决问题。但是，在项目比较大、组件比较多，彼此之间的依赖关系又比较复杂的情况下就没有办法梳理数据流的传递方向，会造成数据修改错乱、难以定位等问题，后期的维护成本非常高。

慕课视频

Vuex 概念与使用

好在 Vue.js 给我们提供了一套管理数据状态的工具——Vuex。Vuex 的数据是单向传递的，并且 Vuex 里定义的数据在任何一个组件中都能被访问并修改，可实现数据的共享，管理起来非常方便，因此 Vuex 是我们在中大型项目中常常使用的工具。

13.1 Vuex 介绍

Vuex 是一个专为 Vue.js 应用程序开发的状态管理模式。我们可以把所有组件的状态和经常需要更新的数据都定义在 Vuex 中。Vuex 提供了一套完整的数据管理方案，所有的组件都可以访问 Vuex 中的数据和状态，并且当 Vuex 中的数据变化时，所有引用这些数据的组件都会自动发生变化。

13.1.1 什么是状态管理模式

上面提到了“状态管理模式”这个名词，很多人可能并不熟悉。要了解状态管理模式，先来看一段很简单的代码，代码的功能主要是点击按钮实现数字的增长。

```
new Vue({
  // state
  data () {
    return {
      count: 0
    }
  },
  // view
  template: `
    <div>
        {{ count }}
        <button @click="increment"></button>
    </div>
  `,
  // actions
  methods: {
    increment () {
      this.count++
    }
  }
})
```

上面这段代码就体现了一个简单的状态管理模式，这种场景在组件中经常会遇到。在 data 中定义数据源，在 template 中渲染数据视图，在 methods 中定义改变数据源的方法，这个流程其实包括了 state、view 和 actions 共 3 部分。

- state：驱动应用的数据源。
- view：以声明方式将 state 映射到视图并渲染。
- actions：触发在 view 上用户点击按钮导致的状态变化。

从上面的过程不难发现，数据传递其实是一个单向的过程：由数据源触发视图的更新，在视图中触发方法，由方法改变数据源。图 13-1 所示是单向数据流示意图。

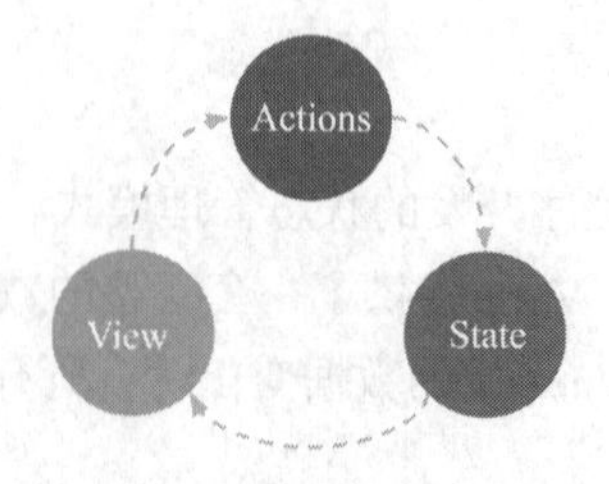

图 13-1 单向数据流示意图

但是，当我们的应用遇到多个组件共享状态的情况时，单向数据流的简洁性很容易被破坏。因此，我们可以把组件的共享状态抽取出来，以全局单例模式来管理。在这种模式下，组件树构成了一个巨大的“视图”，不管在树的哪个位置，任何组件都能获取状态或者触发行为，这就是 Vuex 的实现过程。

另外，Vuex 通过定义和隔离状态管理中的各种概念并强制遵守一定的规则，使我们的代码变得更结构化且易维护。Vuex 数据传输流程如图 13-2 所示。

Vue Components 表示相关的组件，当状态发生变化时会自动将最新的状态传递给对应的组件，触发组件的重新渲染。

Backend API 表示可以在 Actions 里调用相应的 API，进行一些异步请求处理。

Devtools 表示 Vue 团队开发出的一款 Chrome 浏览器的插件，可以通过控制台查看 Mutations 的状态变化过程。

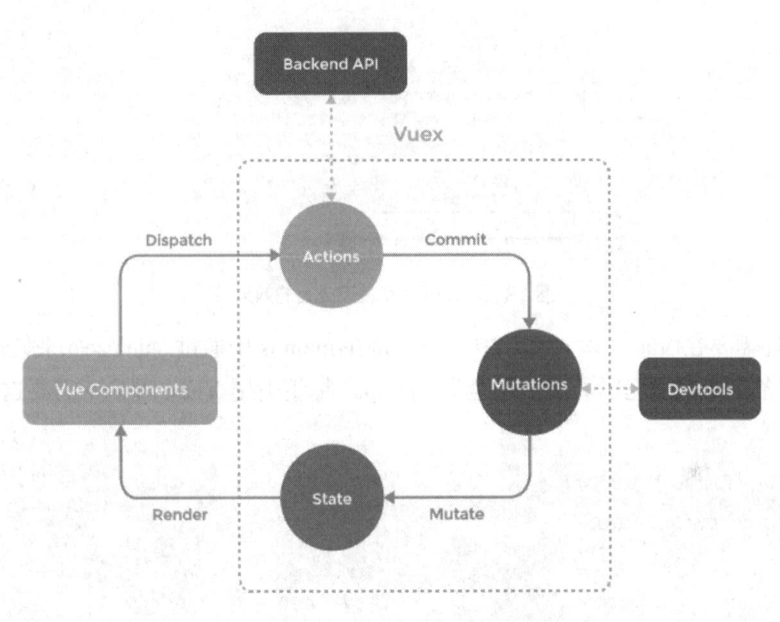

图 13-2　Vuex 数据传输流程

虽然 Vuex 可以帮助我们管理共享状态，但附带了更多的概念和框架。使用 Vuex 需要一定的学习成本，所以如果不是开发大型单页应用，就没必要使用 Vuex。简单的父子组件之间的数据传递就能满足小型项目的需求。

13.1.2 Vuex 安装

在普通的 HTML 文件中引入 Vuex 非常简单，跟引入其他 JavaScript 库一样，可以在线引用，也可以下载后本地引用。引用 Vuex 之前必须要先引入 Vue.js 的库。参考如下代码，“@” 后面的数字代表引入库的版本。

```
<script src="https://unpkg.com/vue@2.5.17/dist/vue.js"></script>
<script src="https://unpkg.com/vuex@2.0.0"></script>
```

如果是在单页应用中使用 Vuex，直接在项目根目录使用 npm 包管理器安装即可。可以在终端输入命令“npm install vuex --save”，如果使用 yarn 安装，需要输入“yarn add vuex”命令。

```
npm install vuex -save
```

或者

```
yarn add vuex
```

安装完成后在我们的 package.json 文件中便会多一条依赖，并且依赖在 dependencies 下面，表示开发和生产都需要依赖 Vuex，效果如图 13-3 所示。

```
"dependencies": {
  "ant-design-vue": "^1.0.2",
  "axios": "^0.18.0",
  "dayjs": "^1.7.5",
  "fastclick": "^1.0.6",
  "lodash": "^4.17.10",
  "mand-mobile": "^1.5.6",
  "normalize.css": "^8.0.0",
  "vue": "^2.5.17",
  "vue-class-component": "^6.0.0",
  "vue-grid-layout": "^2.1.13",
  "vue-property-decorator": "^7.0.0",
  "vue-router": "^3.0.1",
  "vuedraggable": "^2.16.0",
  "vuex": "^3.0.1",
  "vuex-class": "^0.3.1"
```

图 13-3　Vuex 安装完成后的效果

之后我们还需要在 Vue.js 入口文件中，一般是在 main.js 中通过 Vue.use() 来使用 Vuex，这样 Vuex 前期的准备工作就做完了。当使用全局 <script> 标签引用 Vuex 时，不需要这个过程。参考代码如下所示。

```
import Vue from 'vue'
import Vuex from 'vuex'

Vue.use(Vuex)
```

13.2 Vuex 核心概念

每一个 Vuex 应用的核心都是 store。store 实质上就是一个容器，它包含着你的应用中大部分的 state。每个 store 中可以包含几个部分：state、action、mutation 和 getter。所有状态数据和操作状态的方法共同组成一个仓库。每一个部分都有各自的作用，下面会依次介绍。

Vuex 的状态存储是响应式的。当 Vue.js 组件从 store 中读取状态的时候，若 store 中的状态发生变化，那么相应的组件也会相应地得到高效更新。

我们不能直接改变 store 中的状态。改变 store 中的状态的唯一途径就是通过 mutation 来操作。这使得我们可以方便地跟踪每一个状态的变化，数据的传递过程也会变得清晰，方便后期的维护。

安装 Vuex 之后，让我们来创建一个 store。在创建过程中仅需要提供一个初始 state 对象和一些 mutation。创建的过程很简单，只需要新建一个 Vuex 当中的 store 方法，并传入配置对象。配置中最少包含 state 和 mutations 两个对象，state 中存放的是共享状态或数据，mutations 里定义的是操作 state 对象的各种方法。参考代码如下所示。

```
// 如果在模块化构建系统中，请确保在代码开头调用了 Vue.use(Vuex)

const store = new Vuex.Store({
  state: {
    count: 0
  },
  mutations: {
    increment (state) {
      state.count++
    }
  }
})
```


值得注意的是，任何改变 store 中状态的操作都必须通过提交 mutation 的方式来实现，而非直接改变 store.state.count，虽然这样做也能够改变，但是我们无法明确地追踪状态的变化，所以我们必须要坚守这个原则。这样以后我们在阅读代码的时候能更容易地解读应用内部的状态变化。通过 Vue.js 提供的调试工具，我们能够清楚地追踪每一次状态的变化过程，大大提升开发的效率，也方便我们定位各种问题。

由于 store 中的状态是响应式的，在组件中调用 store 中的状态简单到仅需要在计算属性中返回。触发变化也仅需要在组件的 methods 中提交 mutation。

13.2.1 state 状态

state 中存放的是各种各样的需要共享的数据或状态，state 本身是一个 JSON 对象，我们可以在里面定义各种各样的字段。字段的值可以是布尔类型、字符串类型、数字类型或数组类型，方便我们随时调用和修改。由于 state 的初衷是实现组件之间的数据共享，所以尽量把多个组件之间都需要使用的数据定义在里面，组件自身独享的数据还是应该定义在自己的组件内部。

由于 Vuex 的状态存储是响应式的，从 store 实例中读取状态的最简单的方法就是在计算属性中返回某个状态，这样当 store 中的字段改变时，计算属性就会跟着改变。每当 store.state.count 变化的时候，都会重新求取计算属性，并且触发更新相关联的 DOM。参考如下代码。

```
const app = new Vue({
  el: '#app',
  // 把 store 对象提供给 store 选项，这可以把 store 的实例注入所有的子组件
  store,
  components: { Counter },
  template: `
    <div class="app">
```

```
      <counter></counter>
    </div>
  `
})
```

在根实例中注册 store 选项，该 store 选项会被注入根组件下的所有子组件，这样子组件就能通过 this.$store 访问 store 选项。参考如下代码。

```
const Counter = {
  template: `<div>{{ count }}</div>`,
  computed: {
    count () {
      return this.$store.state.count
    }
  }
}
```


1. mapState 辅助函数

当一个组件需要获取多个状态时，将这些状态都声明为计算属性会有些重复和冗余。为了解决这个问题，我们可以使用 mapState 辅助函数帮助我们生成计算属性。mapState 是 Vuex 提供给我们的辅助函数，可以直接引入并使用。mapState 内部有多种使用方法，都可以实现同样的效果。参考如下代码。

```
// 在单独构建的版本中辅助函数为 Vuex.mapState
import { mapState } from 'vuex'

export default {
  //……
  computed: mapState({
    // 使用箭头函数可使代码更简练
    count: state => state.count,

    // 传字符串参数 count 等同于 state => state.count
    countAlias: 'count',

    // 为了能够使用 this 获取局部状态，必须使用常规函数
    countPlusLocalState (state) {
      return state.count + this.localCount
    }
  })
}
```

当映射的计算属性的名称与 state 的子节点名称相同时，我们可以给 mapState 传入一个字符

串数组。参考如下代码。

```
// 在单独构建的版本中辅助函数为 Vuex.mapState
import { mapState } from 'vuex'

export default {
  computed: mapState([
    // 映射 this.count 为 store.state.count
    'count'
  ])
}
```

2. 对象展开运算符

mapState 函数返回的是一个对象，有了 ES6（JavaScript 的 2015 版本）之后，我们可以通过对象展开运算符的简化写法，将 mapState 中的对象展开为多个对象，并最终将对象传给 computed 属性。在使用的时候，我们可以直接通过 this 来获取 state 中定义的字段。参考如下代码。

```
// 在单独构建的版本中辅助函数为 Vuex.mapState
import { mapState } from 'vuex'

export default {
computed: {
  localComputed () { /* ... */ },
  // 使用对象展开运算符将此对象混入外部对象
  ...mapState({
  })
}
```

13.2.2 getter 获取

getter 的主要作用是对 state 中的数据进行二次处理，整理成需要的格式，这样组件在获取数据时，可以直接获取 getter 中的数据。

例如，有时候我们需要从 store 的 state 中派生出一些状态，假设对列表进行过滤并计数，我们可以在 computed 中直接获取 state 的数据并进行处理，代码如下。

```
computed: {
  doneTodosCount () {
    return this.$store.state.todos.filter(todo => todo.done).length
  }
}
```

如果有多个组件需要用到某函数，我们要么复制这个函数，要么抽取一个共享函数，然后在多处导入它，但无论哪种方式都不是很理想。

Vuex 允许我们在 store 中定义 getter（可以认为它是 store 的计算属性）。就像计算属性一样，getter 的返回值会根据它的依赖被缓存起来，且只有当它的依赖发生了变化才会被重新计算。

getter 可以接收 state 作为其第一个参数，例如对 todos 数组过滤出 done 是 true 的数据，代码如下。

```
const store = new Vuex.Store({
  state: {
    todos: [
      { id: 1, text: '...', done: true },
      { id: 2, text: '...', done: false }
    ]
  },
  getters: {
    doneTodos: state => {
      return state.todos.filter(todo => todo.done)
    }
  }
})
```


1. 通过属性访问

getter 会暴露为 store.getters 对象，我们可以通过属性的形式来访问这些值。参考如下代码。

```
store.getters.doneTodos // -> [{ id: 1, text: '...', done: true }]
```

getter 也可以接受其他 getter 作为其第二个参数。参考如下代码。

```
getters: {
  doneTodosCount: (state, getters) => {
    return getters.doneTodos.length
  }
}
```

```
store.getters.doneTodosCount // -> 1
```

在组件中使用时我们可以将 getters 写在计算属性中，通过 this.$store.getters 来访问。参考如下代码。

```
computed: {
  doneTodosCount () {
    return this.$store.getters.doneTodosCount
  }
}
```

2. 通过方法访问

我们也可以通过让 getter 返回一个函数来实现给 getter 传参。通常这种方法对 store 里的数组进行查询时非常有用。在通过方法访问 getter 时，每次都会进行调用，而不会缓存结果。参考如下代码。

```
getters: {
  getTodoById: (state) => (id) => {
    return state.todos.find(todo => todo.id === id)
  }
}
```

```
store.getters.getTodoById(2) // -> { id: 2, text: '...', done: false }
```

3. mapGetters 辅助函数

mapGetters 辅助函数也是 Vuex 自带的，作用仅是将 store 中的 getter 映射到局部计算属性，使用方法参考如下代码。

```
import { mapGetters } from 'vuex'

export default {
  computed: {
  // 使用对象展开运算符将 getter 混入 computed 对象
    ...mapGetters([
      'doneTodosCount',
      'anotherGetter',
    ])
  }
}
```

如果我们想为一个 getter 属性另取一个名字，可以使用对象形式。参考如下代码。

```
mapGetters({
  // 把 this.doneCount 映射为 this.$store.getters.doneTodosCount
  doneCount: 'doneTodosCount'
})
```

13.2.3 mutation 改造状态

更改 Vuex 的 store 中的 state 状态的唯一方法是提交 mutation。Vuex 中的 mutation 中定义的是一个一个的方法，每个方法都可以接收 state 作为参数，通过 state 访问里面定义的字段并进行修改。参考如下代码。

```
const store = new Vuex.Store({
  state: {
    count: 1
  },
```

```
  mutations: {
    increment (state) {
      // 变更状态
      state.count++
    }
  }
})
```

在组件中触发 mutation 中的方法只能通过 store.commit() 来提交，里面接收到的是 mutation 的方法名称。参考如下代码。

```
store.commit('increment')
```

1. 提交载荷

在定义 mutation 中的方法时默认第一个参数是 state，但是我们可以额外传入一个参数，这个参数被称为“载荷”（Payload）。传入参数的类型不限，但是只能额外传入一个参数，不能额外传入两个参数。参考如下代码。

```
mutations: {
  increment (state, n) {
    state.count += n
  }
}
```

```
store.commit('increment', 10)
```

在大多数情况下，载荷应该是一个对象，可以包含多个字段并且使 mutation 更易读。参考如下代码。

```
mutations: {
  increment (state, payload) {
    state.count += payload.amount
  }
}
```

```
store.commit('increment', {
  amount: 10
})
```

2. 对象风格的提交方式

提交 mutation 的另一种方式是直接使用包含 type 字段的对象。type 字段表示 mutation 的方法名称。参考如下代码。

```
store.commit({
  type: 'increment',
  amount: 10
```

```
})
```

当使用对象风格的提交方式时，整个对象都作为载荷传给 mutation，处理方式和上面的一样。参考如下代码。

```
mutations: {
  increment (state, payload) {
    state.count += payload.amount
  }
}
```

3. 使用常量替代 mutation 事件类型

使用常量替代 mutation 事件类型是很常见的方式。把这些常量放在单独的文件中可以让代码中定义的所有 mutation 一目了然。由于常量一般是大写字母并且以下划线连接的多个单词，所以很少会出现重名的情况，使用起来更加安全。参考如下代码。

```
// mutation-types.js
export const SOME_MUTATION = 'SOME_MUTATION'
```

```
// store.js
import Vuex from 'vuex'
import { SOME_MUTATION } from './mutation-types'

const store = new Vuex.Store({
  state: { ... },
  mutations: {
    // 我们可以使用 ES2015 风格的计算属性命名功能来将一个常量作为函数名
    [SOME_MUTATION] (state) {
      // mutate state
    }
  }
})
```

从上面的代码中可以看到，我们单独定义了一个叫 mutation-types.js 的文件，文件中定义了很多常量名称，然后在 store 里直接引入常量名称，采用以“[]”包裹变量名称的方式来定义方法名称。

我们也可以不使用常量，这是可选择的。在需要多人协作的大型项目中，使用常量会很有帮助，如果不喜欢也可以使用普通的方式来定义方法名称。

4. mutation 里定义的方法最好是同步函数

在 mutation 里定义的方法最好是同步函数，因为在日常开发过程中我们通常会借助 devtools（一个 vue 调试工具）来帮助我们监测 mutation 里的状态变化，如果是异步函数，devtools 就无法准确地监测到每一次的状态变化情况，导致无法调试。

如果非要在 mutation 里使用异步函数，程序依旧会正常运行，但这不是好的做法。默认情况下，我们约定在 mutation 里使用同步函数，如果非要用到异步函数，比如请求接口获取数据的场景，我们可以在 action 里定义，接下来会讲到，详情见第 13.2.4 节。

5. 在组件中提交 mutation

定义好 mutation 里的方法之后，我们在组件中可以通过 this.$store.commit('xxx') 提交 mutation，或者使用 mapMutations 辅助函数将组件中的 methods 映射为 store.commit 调用。使用 this 或者 mapMutations 辅助函数都需要在根节点注入 store，注入方法可参考第 13.2.1 节。

mapMutation 必须定义在 methods 方法中，mapMutations 可出现多次，最后都会整合到一起。定义 mapMutation 的方法有多种，可以用数组，也可以用对象的方式定义。定义好之后，在组件的其他地方就可以像调用普通方法一样使用 mutation 中定义的方法，也可以传入参数。使用方法可参考如下代码。

```
import { mapMutations } from 'vuex'

export default {
  methods: {
    ...mapMutations([
      'increment', // 将 this.increment() 映射为 this.$store.commit('increment')

      // mapMutations 也支持载荷
      'incrementBy' // 将 this.incrementBy(amount) 映射为 this.$store.commit
('incrementBy', amount)
    ]),
    ...mapMutations({
      add: 'increment' // 将this.add() 映射为this.$store.commit('increment')
    })
  }
}
```


13.2.4 action 异步操作

action 和 mutation 比较相似，都是在里面定义各种方法。二者之间的一个不同点是 action 不能直接改变 state 里的状态数据，而是提交给 mutation，再由 mutation 来改变；另外一个不同点是 action 可以定义异步函数，也可以定义同步函数。

一般 action 必须搭配 mutation 使用，否则无法改变 state 里面的状态。参考如下代码。

```
const store = new Vuex.Store({
  state: {
    count: 0
  },
  mutations: {
```

```
    increment (state) {
      state.count++
    }
  },
  actions: {
    increment (context) {
      context.commit('increment')
    }
  }
})
```

action 函数接收一个与 store 实例具有相同方法和属性的 context 对象，里面包含 state、getter 和 commit 等。因此我们可以调用 context.commit 方法提交一个 mutation，或者通过 context.state 和 context.getters 来获取 state 和 getters。但是 context 对象并不是 store 实例本身。

实际开发中我们会经常用到 ES6 的参数结构来简化代码，特别是当我们需要调用 commit 很多次的时候。参考如下代码。

```
actions: {
  increment ({ commit }) {
    commit('increment')
  }
}
```

1. 分发 action

在 store 中注册好 action 函数之后，我们可以通过 store.dispatch 方法来触发，接收 action 名称作为参数。参考如下代码。

```
store.dispatch('increment')
```

触发 action 后通过 action 提交 mutation 来改变 state 中的状态。一般情况下我们直接触发 mutation 就可以改变 state，但是有时候需要异步操作，就必须先在 action 中定义方法，以下面的代码为例。

```
actions: {
  incrementAsync ({ commit }) {
    setTimeout(() => {
      commit('increment')
    }, 1000)
  }
}
```

actions 和 mutation 一样，支持对同样的载荷方式和对象方式进行分发，可以额外传入一个参数，参数的类型不限，也可以直接将 action 名称和参数混入一个对象，action 名称用 type 字段定义。参考如下代码。

```
// 以载荷形式分发
store.dispatch('incrementAsync', {
  amount: 10
})

// 以对象形式分发
store.dispatch({
  type: 'incrementAsync',
  amount: 10
})
```

2. 在组件中分发 action

我们可以在组件中使用 this.$store.dispatch('xxx') 分发 action，或者使用 mapActions 辅助函数将组件的 methods 映射为 store.dispatch 调用。使用 this 或 mapActions 辅助函数需要先在根节点注入 store，注入方法可参考第 13.2.1 节。

定义 mapActions 的方法有多种，可以通过数组，也可以通过对象的方式定义。定义好之后，在组件的其他地方就可以像调用普通方法一样调用 action 中定义的方法，也可以传入参数。使用方法可参考如下代码。

```
import { mapActions } from 'vuex'

export default {
  methods: {
    ...mapActions([
      'increment', // 将this.increment() 映射为this.$store.dispatch('increment')

      // mapActions 也支持载荷
      'incrementBy'// 将this.incrementBy(amount) 映射为this.$store.dispatch
('incrementBy', amount)
    ]),
    ...mapActions({
      add: 'increment' // 将this.add() 映射为this.$store.dispatch('increment')
    })
  }
}
```

3. 组合 action

action 是异步的，要在组件中触发 action 函数，我们需要知道 action 什么时候才能结束，这个时候可以借助 promise 函数或者 async/await 函数在 action 中定义异步函数，这样在组件中就可以获取 action 结束的时间。store.dispatch 可以处理被触发的 action 的处理函数返回的 promise，并且 store.dispatch 仍旧返回 promise，参考下面的代码。

```
actions: {
  actionA ({ commit }) {
    return new Promise((resolve, reject) => {
      setTimeout(() => {
        commit('someMutation')
        resolve()
      }, 1000)
    })
  }
}
```

现在可以在组件中这样调用 action，参考下面的代码。

```
store.dispatch('actionA').then(() => {
})
```

在另外一个 action 中也可以这样调用 action，参考下面的代码。

```
actions: {
  actionB ({ dispatch, commit }) {
    return dispatch('actionA').then(() => {
      commit('someOtherMutation')
    })
  }
}
```

如果利用 async / await 调用 action，我们可以这样组合 action 函数，参考下面的代码。

```
// 假设 getData() 和 getOtherData() 返回的是 promise

actions: {
  async actionA ({ commit }) {
    commit('gotData', await getData())
  },
  async actionB ({ dispatch, commit }) {
    await dispatch('actionA') // 等待 actionA 完成
    commit('gotOtherData', await getOtherData())
  }
}
```

一个 store.dispatch 在不同模块中可以触发多个 action 函数。在这种情况下，只有当所有触发完成后，返回的 promise 才会执行。

13.2.5 module 状态树

如果将所有的状态放在一个 store 里，当数据过于庞大的时候，store 会变得非常复杂，也会相当臃肿，对于后期的维护非常不方便。

为了解决以上问题，Vuex 允许我们将 store 分割成模块（module）。之前是把所有的状态放在一个 store 里面，现在可拆分成多个模块，每个模块拥有自己的 state、mutation、action、getter，甚至是嵌套子模块，从上至下进行同样方式的分割。使用方法可参考如下代码。

```
const moduleA = {
  state: { ... },
  mutations: { ... },
  actions: { ... },
  getters: { ... }
}

const moduleB = {
  state: { ... },
  mutations: { ... },
  actions: { ... }
}

const store = new Vuex.Store({
  modules: {
    a: moduleA,
    b: moduleB
  }
})

store.state.a // -> moduleA 的状态
store.state.b // -> moduleB 的状态
```


1. 模块的局部状态

模块内部的 mutation 和 getter 接收的第一个参数 state 是模块的状态对象，而不是其他模块内部的状态对象，也不是 store 根实例下的状态对象。参考下面的代码。

```
const moduleA = {
  state: { count: 0 },
  mutations: {
    increment (state) {
      // 这里的 state 对象是模块的局部状态
      state.count++
    }
  },

  getters: {
```

```
    doubleCount (state) {
      return state.count * 2
    }
  }
}
```

同样，对于模块内部的 action，局部状态通过 context.state 暴露出来，根节点状态通过 context.rootState 来获取。参考下面的代码。

```
const moduleA = {
  actions: {
    incrementIfOddOnRootSum ({ state, commit, rootState }) {
      if ((state.count + rootState.count) % 2 === 1) {
        commit('increment')
      }
    }
  }
}
```

模块内部的 getter 也是一样的，暴露的 state 状态对象和 getters 对象都是模块内部的对象，根节点状态会作为第三个参数 rootState 暴露出来。参考下面的代码。

```
const moduleA = {
  getters: {
    sumWithRootCount (state, getters, rootState) {
      return state.count + rootState.count
    }
  }
}
```

2. 命名空间

默认情况下，模块内部的 action、mutation 和 getter 是注册在全局命名空间的，但是实际上它们会全部组合到 store 的根实例下，虽然通常会分开来写，但是使用的时候与写在一个 store 中有一样的效果。多个模块内部的 action、mutation 和 getter 如果重名，在组件内部调用的时候就会发生错乱，因为组件内能够访问任意一个 mutation 或 action 的方法。

如果希望模块具有更高的封装度和可复用性，我们可以通过添加 namespaced: true 的方式使其成为带命名空间的模块。当模块被注册后，模块自身所有 getter、action 及 mutation 都会自动根据模块注册的路径调整命名，所以即使不同模块下的名称一起使用也不会发生错乱，在组件中调用时也必须加上模块的路径名称。参考如下代码。

```
const store = new Vuex.Store({
  modules: {
    account: {
      namespaced: true,
```

```
      // 模块内容（module assets）
      state: { ... }, // 模块内的状态已经是嵌套的了，使用 namespaced 属性不会对其产生影响
      getters: {
        isAdmin () { ... } // -> getters['account/isAdmin']
      },
      actions: {
        login () { ... } // -> dispatch('account/login')
      },
      mutations: {
        login () { ... } // -> commit('account/login')
      },

      // 嵌套模块
      modules: {
        // 继承父模块的命名空间
        myPage: {
          state: { ... },
          getters: {
            profile () { ... } // -> getters['account/profile']
          }
        },

        // 进一步嵌套命名空间
        posts: {
          namespaced: true,

          state: { ... },
          getters: {
            popular () { ... } // -> getters['account/posts/popular']
          }
        }
      }
    }
  }
})
```

启用了命名空间后，在模块内部 getter 和 action 调用自己模块内部的其他 getter 和 action 时不需要加上空间命名前缀，因为内部会自动识别，不管 namespaced 的属性如何变化都不会受到影响。

3. 在带命名空间的模块内访问全局内容

如果我们希望使用全局 state 和 getter，rootState 和 rootGetter 会作为第三和第四参数传入 getter，也会通过 context 对象的属性传入 action。但是它们在 mutation 中无法使用，也没有额外的参数来访问根实例。

若需要在全局命名空间内分发 action 或提交 mutation，将 { root: true } 作为第三参数传给 dispatch 或 commit 即可。参考下面的代码。


```
modules: {
  foo: {
    namespaced: true,
    getters: {
      // 在这个模块的 getter 中，getters 被局部化了
      // 你可以使用 getter 的第四个参数来调用 rootGetters
      someGetter (state, getters, rootState, rootGetters) {
        getters.someOtherGetter // -> 'foo/someOtherGetter'
        rootGetters.someOtherGetter // -> 'someOtherGetter'
      },
      someOtherGetter: state => { ... }
    },
    actions: {
      // 在这个模块中，dispatch 和 commit 也被局部化了
      // 他们可以接受 root 属性以访问根 dispatch 或 commit
      someAction ({ dispatch, commit, getters, rootGetters }) {
        getters.someGetter // -> 'foo/someGetter'
        rootGetters.someGetter // -> 'someGetter'

        dispatch('someOtherAction') // -> 'foo/someOtherAction'
        dispatch('someOtherAction', null, { root: true }) // -> 'someOtherAction'

        commit('someMutation') // -> 'foo/someMutation'
        commit('someMutation', null, { root: true }) // -> 'someMutation'
      },
      someOtherAction (ctx, payload) { ... }
    }
  }
}
```

4. 在带命名空间的模块中注册全局 action

若需要在带命名空间的模块中注册全局 action，我们可添加 root: true，并将这个 action 的定义放在函数 handler 中。一般情况下不会这么使用，因为这样会导致代码维护起来比较麻烦。如果要注册全局 action，可以在 store 根实例下注册。参考下面的代码。

```
{
  actions: {
    someOtherAction ({dispatch}) {
      dispatch('someAction')
    }
  },
  modules: {
    foo: {
      namespaced: true,

      actions: {
        someAction: {
          root: true,
          handler (namespacedContext, payload) { ... } // -> 'someAction'
        }
      }
    }
  }
}
```


5. 带命名空间的绑定函数

当在组件中使用mapState、mapGetters、mapActions和mapMutations等函数来绑定带命名空间的模块时，可能比较烦琐，需要加上模块名称作为路径参数。参考下面的代码。

```
computed: {
  ...mapState({
    a: state => state.some.nested.module.a,
    b: state => state.some.nested.module.b
  })
},
methods: {
  ...mapActions([
    'some/nested/module/foo',
    'some/nested/module/bar'
  ])
}
```

在每个模块内部调用时都需要添加模块名称作为路径，这样比较麻烦，我们可以将模块名称的路径字符串作为第一个参数传递给上述函数，这样所有的绑定都会自动将该模块作为上下文。于是上面的代码可以简化为下面的代码。

```
computed: {
  ...mapState('some/nested/module', {
```

```
      a: state => state.a,
      b: state => state.b
    })
  },
  methods: {
    ...mapActions('some/nested/module', [
      'foo',
      'bar'
    ])
  }
```

还有另一种方法能解决上面的问题。Vuex 提供了 createNamespacedHelpers 方法，用以创建基于某个命名空间的辅助函数。它可以返回一个对象，在对象里给定命名空间值上的组件绑定辅助函数，所以辅助函数创建之后，再利用 ES6 的对象结构使用 mapState、mapAction 函数就可以直接像没带命名空间的方式一样使用。参考下面的代码。

```
import { createNamespacedHelpers } from 'vuex'

const { mapState, mapActions } = createNamespacedHelpers('some/nested/module')

export default {
  computed: {
    // 在“some/nested/module”中查找
    ...mapState({
      a: state => state.a,
      b: state => state.b
    })
  },
  methods: {
    // 在“some/nested/module”中查找
    ...mapActions([
      'foo',
      'bar'
    ])
  }
}
```

6. 模块动态注册

在 store 创建之后，我们还可以使用 store.registerModule 方法注册模块，方法接收到的第一个参数是模块的名称，也可以是数组，数组中的多个成员是模块的路径；第二个参数是一个对象，就是模块内部的 state、action、mutation 和 getter 等成员对象。参考下面的代码。

```
// 注册模块 myModule
```

```
store.registerModule('myModule', {
  state: {},
  actions: {},
  mutations: {},
  getters: {}
})
// 注册嵌套模块 nested/myModule
store.registerModule(['nested', 'myModule'], {
  state: {},
  actions: {},
  mutations: {},
  getters: {}
})
```

之后我们就可以通过 store.state.myModule 和 store.state.nested.myModule 访问模块的状态。

13.3 处理表单的方法

当在严格模式中使用 Vuex，直接在表单控件中使用 v-model 绑定 Vuex 中的 state 数据时，会有问题存在：当用户输入数据时，v-model 会试图改变 Vuex 中的数据。由于 Vuex 规定只能在 mutation 函数中修改 state 中的数据，所以这时候会抛出一个错误。

```
<input v-model="obj.message">

export default {
  computed: {
    obj(){
     return this.$store.state.obj
    }
  }
}
```

解决这个问题的正确方法是给 input 绑定 value，然后侦听 input 或 change 事件，在事件回调中调用 commit 方法提交给 mutation 来改变 state 中的数据。当 state 中的数据变化时，表单会自动更新。参考如下代码。

```
<input :value="message" @input="updateMessage">
computed: {
  ...mapState({
    message: state => state.obj.message
  })
```

```
  },
  methods: {
    updateMessage (e) {
      this.$store.commit('updateMessage', e.target.value)
    }
  }
```

下面是 store 中的 mutation 函数。

```
  mutations: {
    updateMessage (state, message) {
      state.obj.message = message
    }
  }
```

上面这种做法比简单地使用 v-model 要复杂得多，并且损失了一些 v-model 中很有用的特性。

还有一种方法是使用带有 setter 的双向绑定计算属性。表单中依旧是使用 v-model 绑定变量，只不过变量在计算属性中定义。计算属性分为 get 和 set 两个方法，展示值调用的是 get 方法，返回 state 中的数据，而当用户输入数据时会自动调用 set 方法，把最新的输入值作为参数。这时就可以通过在事件回调中调用 commit 方法提交给 mutation 来改变 state 中的数据。这种方法相较之前的要更加简单易懂。参考下面的代码。

```
  <input v-model="message">
  computed: {
    message: {
      get () {
        return this.$store.state.obj.message
      },
      set (value) {
        this.$store.commit('updateMessage', value)
      }
    }
  }
```


13.4 小试牛刀

在页面上展示数字，点击“添加”和“减少”按钮实现数值的增加和减少

在页面上展示一个数字，默认是 0，还有两个按钮，分别是“添加”和“减少”。当点击“添加”按钮时，将数字默认加 1；当点击“减少”按钮时，将数字默认减 1（案例位置：源码\

第 13 章 \ 源代码 \13.4.html ）。

（1）准备一段 HTML 代码，并引入 vue.js 和 vuex。

（2）注册一个组件，包含主页的展示数字信息和按钮以及点击按钮时调用的方法。点击按钮后会触发 store 里的 mutation 事件，数据默认存储在 store 中的 state 里。代码如图 13-4 所示。

```
const Index = {
  template: `<div>
    <h3>当前数字：{{count}}</h3>
    <button @click="increase">添加</button>
    <button @click="decrease">减少</button>
  </div>`,
  computed: {
    count() {
      return this.$store.state.count
    }
  },
  methods: {
    decrease() {
      this.$store.commit('decrease')
    },
    increase() {
      this.$store.commit('increase')
    }
  }
}
```

图 13-4　小试牛刀注册组件代码

（3）注册 store 信息并将其挂载到 Vue 上，在 store 中定义好 state 和 mutation 字段等。代码如图 13-5 所示。

```
const store = new Vuex.Store({
  state: {
    count: 0
  },
  mutations: {
    decrease(state) {
      state.count--
    },
    increase(state) {
      state.count++
    }
  }
})
```

图 13-5　小试牛刀 store 信息代码

（4）最终页面呈现的效果如图 13-6 所示。

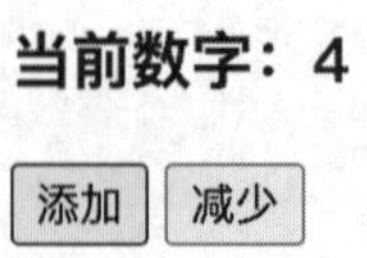

当前数字：4

添加　减少

图 13-6　小试牛刀最终页面呈现的效果

本章小结

本章主要介绍了 Vuex 的使用方法。在很多复杂场景下，特别是多组件共享数据时需要用到 Vuex，它能够帮助我们方便、高效地处理数据流的传输问题，同时使各组件之间数据共享非常方便。

Vuex 的核心就是 store。每个 store 里包含了 state、action、mutation 和 getter 等部分。state 用来记录数据和状态，我们可以自定义各种数据信息，然后通过 mutation 里定义的方法来改变 state 中的数据，这也是唯一改变 state 的方法，并且 mutation 中只能处理同步函数。action 用来处理各种异步函数，处理完之后再把数据通过 commit 给 mutation，最终完成对 state 中的数据的改变。而 getter 只是 Vuex 中的一个计算属性的定义方式，它的存在是为了方便我们对 state 中数据进行处理并在多个组件中直接使用。如果把所有的状态都定义到一个 store 中会导致 store 过于庞大，维护起来非常麻烦，所以 Vuex 还提供了 module 来分块处理，其实就是将一个 store 拆分成多个模块，方便管理，各模块互不影响，最终再整合到 store 的根目录上。

通过本章的学习，读者需要掌握 Vuex 的使用方法。Vuex 在处理大型项目时非常有用，使用恰当可以帮助我们提升代码质量、增加代码的可维护性，使数据流的传输过程一目了然，也可以大大减少代码的出错概率。当然引入 Vuex 也会造成项目过于庞大，如果项目比较小，组件之间的依赖关系比较简单的话可以不必使用。

动手实践

学习完前面的内容，下面来动手实践一下吧（案例位置：源码\第 13 章\源代码\动手实践 .html）。

我们对第 10 章动手实践的商品列表项目进行升级，依然是这个商品列表，包含商品名称和商品价格字段，可以编辑和删除。展示的数据必须保存到 Vuex，页面跳转使用 Vue-router 来实现，要求如下。

（1）商品列表默认是空，点击“添加商品”按钮后会从事先定义好的商品数组里随机添加一些商品信息，每个商品可生成一个 id，代表商品唯一，并保存到 Vuex。

（2）编辑时会跳转到编辑页面，默认进入编辑页面时展示该商品的信息，商品信息可以修改，修改并提交完之后会自动跳转到商品列表页面，这时候刚才编辑的商品信息就会发生变化。

（3）在列表页面点击“删除”按钮则对应的商品信息会被实时删除。

商品列表随机数据定义可参考如下示例。

```
// 随机商品列表
goods: [
    {name: '洗衣机', price: 990}
    {name: '油烟机', price: 2239},
```

```
    {name: '电饭煲', price: 200},
    {name: '电视机', price: 880},
    {name: '电冰箱', price: 650},
    {name: '电脑', price: 4032},
    {name: '电磁炉', price: 210}
  ]
```

默认空商品列表效果如图 13-7 所示，点击“添加商品”按钮后的效果如图 13-8 所示，点击“编辑”按钮后会跳转到编辑商品页面，效果如图 13-9 所示。

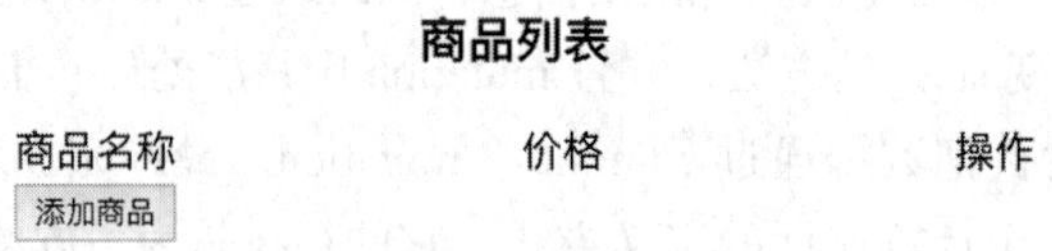

商品列表

商品名称	价格	操作

添加商品

图 13-7　默认空商品列表效果

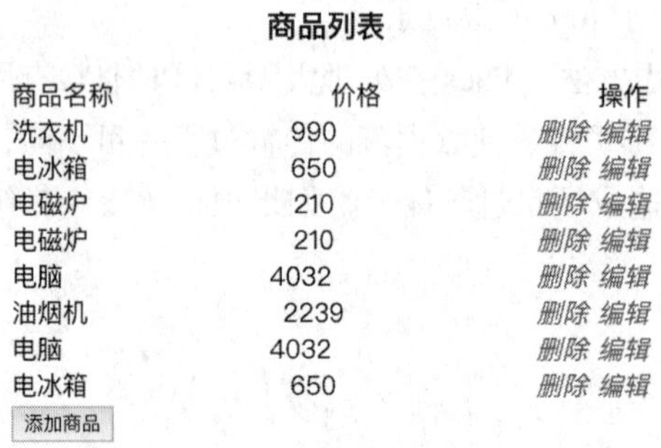

商品列表

商品名称	价格	操作
洗衣机	990	*删除 编辑*
电冰箱	650	*删除 编辑*
电磁炉	210	*删除 编辑*
电磁炉	210	*删除 编辑*
电脑	4032	*删除 编辑*
油烟机	2239	*删除 编辑*
电脑	4032	*删除 编辑*
电冰箱	650	*删除 编辑*

添加商品

图 13-8　点击“添加商品”按钮后的效果

编辑商品

商品名称：电脑

商品价格：4032

提交

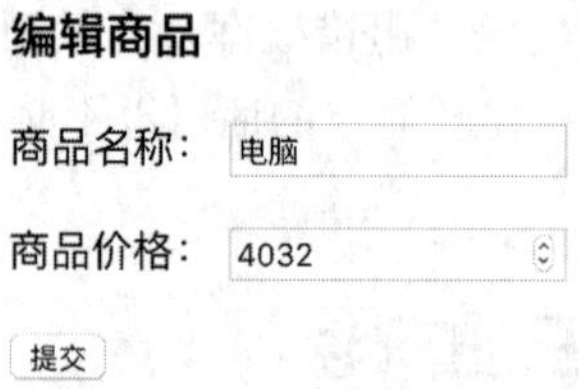

图 13-9　编辑商品页面

动手实践代码如下：

```
<!DOCTYPE html>
<html lang="en">
<head>
  <meta charset="UTF-8">
  <title>第 13 章动手实践 </title>
  <script src="https://unpkg.com/vue@2.5.17/dist/vue.js"></script>
  <script src="https://unpkg.com/vuex@2.0.0"></script>
  <script src="https://unpkg.com/vue-router/dist/vue-router.js"></script>

</head>
<body>
<div id="app">
  <router-view></router-view>
</div>
<script>
```

```
const store = new Vuex.Store({
  state: {
    // 商品列表
    goodsList: []
  },
  mutations: {
    // 添加商品
    addGood(state, {name, price}) {
      state.goodsList.push({id: state.goodsList.length + 1, name, price})
    },
    // 删除商品
    delGood(state, id) {
     state.goodsList.splice(state.goodsList.findIndex(item => item.id === id), 1)
    },
    // 编辑商品
    updateGood(state, {id, name, price}) {
      state.goodsList.forEach(item => {
        if (item.id === id) {
          item.name = name;
          item.price = price;
        }
      })
    }
  }
})
const Index = {
  template: `<div>
    <h3 style="margin-left: 200px"> 商品列表 </h3>
    <ul>
      <li><span> 商品名称 </span><span> 价格 </span><span> 操作 </span></li>
      <li v-for="(good, index) in goodsList" :key="index">
        <span>{{good.name}}</span>
        <span>{{good.price }}</span>
        <span  style="color: red; cursor: pointer;">
          <em @click="delGood(good.id)"> 删除 </em>
          <em @click="editGood(good.id)"> 编辑 </em>
        </span>
      </li>
      <button @click="add"> 添加商品 </button>
    </ul>
  </div>`,
```

```
  computed: {
    goodsList() {
      return this.$store.state.goodsList
    }
  },
  data() {
    return {
      goods: [
        {name: '洗衣机', price: 990},
        {name: '油烟机', price: 2239},
        {name: '电饭煲', price: 200},
        {name: '电视机', price: 880},
        {name: '电冰箱', price: 650},
        {name: '电脑', price: 4032},
        {name: '电磁炉', price: 210}
      ]
    }
  },
  methods: {
    add() {
      const {name, price} = this.randomGood();
      this.$store.commit({type: 'addGood', name, price})
    },
    // 计算随机的商品
    randomGood() {
      return this.goods[parseInt(Math.random() * 7)]
    },
    // 提交mutation删除商品
    delGood(id) {
      this.$store.commit('delGood', id)
    },
    // 编辑商品信息
    editGood(id) {
      this.$router.push({name: 'Edit', params: {id}})
    }
  }
}
const Edit = {
  template: `
    <div>
      <h3>编辑商品</h3>
```

```
      <p> 商品名称 : <input v-model="goodName" type="text"/></p>
      <p> 商品价格 : <input v-model="goodPrice" type="number"/></p>
      <input type="button" @click="submit" value=" 提交 "/>
    </div>
  `,
  props: ["id"],
  computed: {
    goodInfo() {
      return this.$store.state.goodsList.filter(item => item.id === this.id )[0]
    }
  },
  methods: {
    // 提交后改变 Vuex 上的数据，并跳转到列表页面
    submit() {
      this.$store.commit({
        type: 'updateGood',
        id: this.id,
        name: this.goodName,
        price: this.goodPrice
      })
      this.$router.push('/index')
    }
  },
  data() {
    return {
      goodName: '',
      goodPrice: 0
    }
  },
  mounted() {
    this.goodName = this.goodInfo.name;
    this.goodPrice = this.goodInfo.price
  }
}
const router = new VueRouter({
  routes: [
    {
      path: '/',
      redirect: '/index'
    },
    {
```

```
          path: '/index',
          component: Index
        },
        {
          path: '/edit/:id',
          component: Edit,
          name: 'Edit',
          props: true
        }
      ]
    })

    new Vue({
      el: '#app',
      router,
      store
    })
  </script>
  <style>
    #app ul li {
      list-style: none;
      width: 400px;
      display: flex;
      justify-content: space-between;
    }
  </style>
</body>
</html>
```

第 5 篇 Element UI 框架

第14章 Element UI框架实战

学习目标

- 掌握Element UI的安装与使用方法
- 掌握Element UI 各个组件使用方法
- 掌握mock和axios数据的使用方法

通过前面章节的介绍，我们已经可以利用 Vue.js 开发一个完整的项目了。如果从头开始开发项目，原生的表单组件样式可能不太美观，需要我们为这些基本组件手动写 CSS 样式才能达到网站上“优美”的效果，特别是很多网站都有组件之间的动态效果，如饿了么、阿里巴巴后台系统、百度后台系统等，而手动写这些样式会非常烦琐。

但好消息是很多公司为了方便我们开发中后台系统，封装了很多的 UI 框架，里面包含了常用的组件样式，风格统一、样式美观、简洁实用，非常方便。例如阿里巴巴开发的 ant-design-vue 框架，饿了么开发的 Element UI 框架（以下简称 Element），TalkingData 开发的 iview 框架等都是基于 Vue.js 的非常优秀的中后台系统框架，当然还有很多其他的框架。使用框架可以大大减少我们在开发类似系统时搭建基础组件所花费的时间和精力，让我们更专注于业务逻辑层的开发。

本章将通过利用其中一款比较优秀的框架——Element，来从头搭建一个网站，通过实践来进一步帮助读者了解真实的项目开发流程。

慕课视频

Element UI 框架实战

14.1 Element 介绍

Element 是饿了么前端团队推出的一款基于 Vue.js 2.0 的中后台系统的框架，秉承了“一致、反馈、高效、可控”的设计原则，界面优雅简单，与现实中的流程逻辑保持一致，可以通过元素的变化清晰地展现状态。Element 目前有 Vue、Angular 和 React 等多个版本，每个版本都基于各自的框架基础进行二次封装。它对一些常用的组件，例如 Form 表单、时间选择框、分页组件、表格组件、弹出框等组件的风格进行了统一，这样就能保持网站良好的用户体验及提升开发效率。

14.1.1 Element 安装

Element 的安装方式有两种。一种是在单页面开发过程中通过 npm 或 yarn 等包管理器进行安装，它能更好地和 webpack 等打包工具配合使用。安装时仅需在终端输入以下命令。其中，-S 表示它安装在 dependencies 下，开发和生产环境都需要依赖。

```
npm i element-ui -S
```

另外一种安装方式是通过 CDN 直接引入，或者将 JavaScript 文件下载到本地再引入。这个安装方式需要引入两个文件，一个是组件库的 JavaScript 文件，另一个是样式文件。代码如下所示。

```
<!-- 引入样式文件 -->
<link rel="stylesheet" href="https://unpkg.com/element-ui/lib/theme-chalk/index.css">
<!-- 引入组件库的 JavaScript 文件 -->
<script src="https://unpkg.com/element-ui/lib/index.js"></script>
```

14.1.2 Element 快速上手

如果想在普通的 HTML 文件中使用 Element UI 的所有组件，只需要引入上面的两个文件即可，但是由于 Element 更新频率较高，所以在使用的时候不妨锁定版本，以免将来给 Element 升级时受到非兼容性更新的影响。锁定方法很简单，就是在引入文件地址中加上版本号。参考下面的代码。

```
<!-- 引入样式文件 -->
<link rel="stylesheet" href="https://unpkg.com/element-ui@2.4.9/lib/theme-chalk/index.css">
<!-- 引入组件库的 JavaScript 文件 -->
<script src="https://unpkg.com/element-ui@2.4.9/lib/index.js"></script>
```

引入之后就可以正常使用了。需要注意的是，由于 Element 是配合 Vue.js 来使用的，在 Element 中会用到 Vue.js 的语法，所以必须在 Vue.js 文件后面引入。

Element 的组件默认以“el-”开头，在组件上使用其他 Vue.js 语法的方法都是大致一样的，不同的是 Element 也提供了一些属性和方法，需要按照给定的规则进行使用，所有组件的使用方法可以参考 Element 的官方文档。

参考下面的示例。

```
<!DOCTYPE html>
<html>
```

```
<head>
  <meta charset="UTF-8">
  <!-- import CSS -->
  <link rel="stylesheet" href="https://unpkg.com/element-ui/lib/theme-chalk/
index.css">
</head>
<body>
  <div id="app">
    <el-button @click="visible = true">Button</el-button>
    <el-dialog :visible.sync="visible" title="Hello world">
      <p>Try Element</p>
    </el-dialog>
  </div>
</body>
  <!-- 引入 Vue 的 JavaScript 文件 -->
  <script src="https://unpkg.com/vue/dist/vue.js"></script>
  <!-- 引入 Element 的 JavaScript 文件 -->
  <script src="https://unpkg.com/element-ui/lib/index.js"></script>
  <script>
    new Vue({
      el: '#app',
      data: function() {
        return { visible: false }
      }
    })
  </script>
</html>
```

上面的代码中用到了 <el-button> 和 <el-dialog> 组件，当点击按钮时 <el-dialog> 组件上绑定的 visible 属性会变为 true，dialog 会显示出来。

还有一种 Element 的使用方式是在单页面中通过 npm 安装。首先需要在项目文件的入口里引入 Element UI，方便全局组件使用。这个入口一般是指 main.js 文件，引入文件包括 JS 文件和 CSS 文件，引入之后需要用 Vue.use() 方法来声明全局使用。

参考下面的代码。

```
import Vue from 'vue';
import ElementUI from 'element-ui';
import 'element-ui/lib/theme-chalk/index.css';
import App from './App.vue';

Vue.use(ElementUI);
```

```
new Vue({
  el: '#app',
  render: h => h(App)
});
```

上面的引入方法表示的是全局引入所有的 Element 组件，如果想要引入部分组件，可以按需引入，但前提是要有 babel-plugin-component 插件。一般在通过“脚手架”初始化 Vue.js 项目时会默认安装这个插件，如果需自己安装，可按以下命令安装。

```
npm install babel-plugin-component -D
```

安装完成后找到 .babelrc 文件并修改为以下格式。

```
{
  "presets": [["es2015", { "modules": false }]],
  "plugins": [
    [
      "component",
      {
        "libraryName": "element-ui",
        "styleLibraryName": "theme-chalk"
      }
    ]
  ]
}
```

接下来，如果只希望引入部分组件，比如 Button 和 Select，那么需要在 main.js 中写入以下内容。

```
import Vue from 'vue';
import { Button, Select } from 'element-ui';
import App from './App.vue';

Vue.component(Button.name, Button);
Vue.component(Select.name, Select);
/* 或写为
 * Vue.use(Button)
 * Vue.use(Select)
 */

new Vue({
  el: '#app',
  render: h => h(App)
});
```

由于实际的项目大多使用单页面开发并使用 webpack 打包，所以本章默认采用第二种引入方式进行讲解。

14.2 Element 组件介绍

为了展示 Vue.js 搭配 Element 在真实项目中的使用情况，本节将重点介绍 Element 中几款组件的使用方法，以及利用这些插件搭建网站的步骤。

Element 中的组件总体分为几大块：基础布局组件、Form 表单组件、表格分页组件、弹出框组件和导航组件等。虽然组件种类有限，但是基本涵盖了常用的场景，并且针对每个组件不同的使用方法分别做了说明，以运行效果演示和代码示例说明的方式进行展示，查看非常方便。

Element 组件效果如图 14-1 所示。

基础表格

基础的表格展示用法。

日期	姓名	地址
2016-05-03	王小虎	上海市普陀区金沙江路 1518 弄
2016-05-02	王小虎	上海市普陀区金沙江路 1518 弄
2016-05-04	王小虎	上海市普陀区金沙江路 1518 弄
2016-05-01	王小虎	上海市普陀区金沙江路 1518 弄

当 `el-table` 元素中注入 `data` 对象数组后，在 `el-table-column` 中用 `prop` 属性来对应对象中的键名即可填入数据，用 `label` 属性来定义表格的列名。可以使用 `width` 属性来定义列宽。

```
<template>
  <el-table
    :data="tableData"
    style="width: 100%">
    <el-table-column
      prop="date"
      label="日期"
      width="180">
```

图 14-1　Element 组件效果

如果看了示例还是不清楚组件的用法，可以查看组件下面的 API 说明文档，里面对相应属性和使用方法都进行了详细的说明。

14.2.1 利用 Element 快速制作表格

Element 中提供了多种表格，包括基础表格，带斑马纹的表格，带边框的表格，带状态的表格，固定列、固定头、带排序和筛选的表格等，实际使用时需根据具体的场景来选择不同表格的用法。

Element 中表格的使用方法非常简单，首先定义一个 <el-table> 标签，标签上有一个 data 属性，代表表格中要渲染的数据。数据的值是一个数组，数组的每条数据中定义的字段必须与表头中声明的字段一致，这样才会被渲染在这个表头下面。

随后在 <el-table> 标签中定义表头，也就是用 <el-table-column> 标签来定义。多个表头需要使用多个 <el-table-column> 标签定义。标签中可以通过 prop 属性来定义这个表头下面所要渲染的数据，prop 属性必须与 data 属性中的字段对应起来，否则数据不会被渲染。

实现图 14-1 所示的表格的代码如下所示。

```
<!-- 表格组件 -->
  <template>
    <el-table
      :data="tableData"
      style="width: 100%">
      <el-table-column
        prop="date"
        label=" 日期 "
        width="180">
      </el-table-column>
      <el-table-column
        prop="name"
        label=" 姓名 "
        width="180">
      </el-table-column>
      <el-table-column
        prop="address"
        label=" 地址 ">
      </el-table-column>
    </el-table>
  </template>

  <script>
    export default {
      data() {
        return {
          tableData: [{
            date: '2016-05-03',
            name: ' 王小虎 ',
```

```
          address: '上海市普陀区金沙江路 1518 弄'
        }, {
          date: '2016-05-02',
          name: '王小虎',
          address: '上海市普陀区金沙江路 1518 弄'
        }, {
          date: '2016-05-04',
          name: '王小虎',
          address: '上海市普陀区金沙江路 1518 弄'
        }, {
          date: '2016-05-01',
          name: '王小虎',
          address: '上海市普陀区金沙江路 1518 弄'
        }]
      }
    }
  }
</script>
```

要将表格变成带边框或者带斑马条纹的样式，只需要在 <el-table> 标签上添加 border 或者 stripe 属性即可。

```
<!-- 使用动态的 transition name -->
<el-table :data="tableData" border stripe><el-table>
```

其他更为复杂的用法可以参考官方的 API 说明文档。

14.2.2 Element 走马灯效果制作

走马灯也就是 banner，又称轮播图，我们在项目中经常会遇到。不用任何框架，从头开始手动编写一个轮播图是非常烦琐的，要考虑切换效果、自动轮播效果，还有点击指示器实现切换的效果，最终还要使用各种 CSS 样式来美化。

有了 Element 框架之后，这些问题都可以解决了。我们只需要定义一个 <el-carousel> 标签代表使用走马灯组件，然后在标签里面定义多个 <el-carousel-item> 标签，代表每一个具体的走马灯。要定义多个 <el-carousel-item> 标签，我们只需要使用 v-for 指令循环即可。

使用方法参考下面的代码。

```
<el-carousel indicator-position="outside">
    <el-carousel-item v-for="item in 4" :key="item">
      <h3>{{ item }}</h3>
    </el-carousel-item>
  </el-carousel>
```

每个走马灯展示图片还是文字，需要在 <el-carousel-item> 标签里进行定义，可以自主设置图片或者各种文字。<el-carousel> 标签上的 indicator-position 属性代表指示器的位置，可以设置显示或者不显示，不显示就设置为 none。

走马灯还有其他可设置的属性，例如控制是否自动切换、切换的时间间隔等。要使用这些设置，只需要在 <el-carousel> 标签上绑定属性即可，非常方便。更多复杂用法可以参考官方的 API 说明文档。

走马灯组件效果如图 14-2 所示。

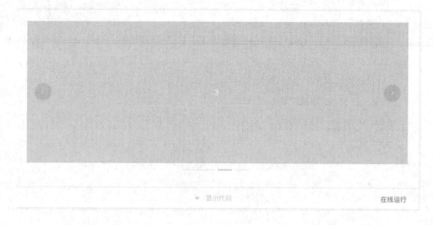

图 14-2　走马灯组件效果

14.2.3　Element 面包屑功能实践

面包屑也是网站中常用的组件，通常用来定位当前在网站中所处的位置，点击时可快速跳转到对应的页面。如果自己来编写这个组件，也不是特别困难，主要需定义样式和跳转功能。但是使用 Element 提供的组件更为方便，只需定义一个 <el-breadcrumb> 标签代表面包屑组件，接着在里面定义多个 <el-breadcrumb-item> 标签代表每一个面包屑组件，通过绑定 :to 属性就可以实现页面跳转。其用法和路由的 <router-link> 一致。

参考下面的代码。

```
<el-breadcrumb separator="/">
  <el-breadcrumb-item :to="{ path: '/' }"> 首页 </el-breadcrumb-item>
  <el-breadcrumb-item><a href="/"> 活动管理 </a></el-breadcrumb-item>
  <el-breadcrumb-item> 活动列表 </el-breadcrumb-item>
  <el-breadcrumb-item> 活动详情 </el-breadcrumb-item>
</el-breadcrumb>
```

上面代码中的 separator 属性代表每个标签之间的分隔符，可以自己定义。

面包屑组件效果如图 14-3 所示。

首页 / **活动管理** / 活动列表 / 活动详情

图 14-3　面包屑组件效果

14.2.4 利用 Element 快速搭建布局

Element 还提供了简单的布局组件，也就是 Layout 布局。Layout 布局是常用的栅格布局，将整个页面划分为 24 份，通过绑定 :span 属性来规定每一列应该占据多少份的空间。

Layout 布局的使用方法很简单，先定义一个 <el-row> 标签，代表一行，然后在 <el-row> 标签里面定义一个或多个 <el-col> 标签，代表应该定义多少列（如果有多列就定义多个 <el-col> 标签）。通过定义每一列应该占据的空间来实现自由布局。在每一列里面可以自定义标签来展示布局里想要呈现的内容。

参考下面的代码。

```
<!-- 布局组件 -->
<el-row>
  <el-col :span="24"><div class="grid-content bg-purple-dark"></div></el-col>
</el-row>
<el-row>
  <el-col :span="12"><div class="grid-content bg-purple"></div></el-col>
  <el-col :span="12"><div class="grid-content bg-purple-light"></div></el-col>
</el-row>
<el-row>
  <el-col :span="8"><div class="grid-content bg-purple"></div></el-col>
  <el-col :span="8"><div class="grid-content bg-purple-light"></div></el-col>
  <el-col :span="8"><div class="grid-content bg-purple"></div></el-col>
</el-row>
<el-row>
  <el-col :span="6"><div class="grid-content bg-purple"></div></el-col>
  <el-col :span="6"><div class="grid-content bg-purple-light"></div></el-col>
  <el-col :span="6"><div class="grid-content bg-purple"></div></el-col>
  <el-col :span="6"><div class="grid-content bg-purple-light"></div></el-col>
</el-row>
```

最终布局组件渲染出来的效果如图 14-4 所示。

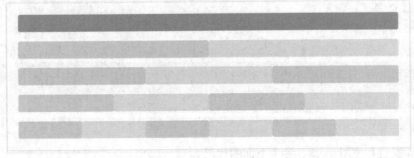

图 14-4　布局组件效果

14.3 mock 数据与请求接口

在前、后端还没有分离的时候，开发流程往往是这样的：前端写好静态 HTML 页面，后端获取前端提供的页面后再对静态数据通过模板语法进行替换，换成真实的数据。这种工作流程的弊端在于前、后端沟通成本太高，前端不熟悉后端语言，只能修改静态 HTML 页面；后端不熟悉前端语言，修改样式与 JavaScript 代码非常困难。以致其不能专注于各自领域的开发。

现在开发流程发生了改变，前、后端进行了分离，前端负责所有的页面展示与数据请求，后端只需要负责提供接口，前端通过接口获取真实数据并渲染到页面上。而 Vue.js 刚好是前、后端分离的前端框架。通过使用 Vue.js，前、后端完成了解耦，使前、后端专注于自身领域的开发，并且是并行开发，互不影响，大大提升了开发效率。

前端在开发的时候需要数据进行页面布局，这个时候后端的接口可能还没编写好，前端如果只是编写静态数据，后期还得删除再重新编写。利用 mock 数据就可以解决这个问题。所谓 mock 数据是指模拟后端的接口，按真实接口定义好数据字段。前端完全可以按真实接口的开发流程进行开发，后期只需要将接口的地址换一下即可。这样做省去了后期的修改和返工的时间，提升效率的同时也方便了前端的开发。

14.3.1 如何使用 mock 数据

1. 通过安装 mock.js 使用 mock 数据

使用 mock 数据的方法有多种，其中一种是安装 mock.js，然后按照 mock.js 的语法规范定义好想要的字段，这样就会随机生成一个 js 文件。文件中包括刚才定义好的字段，字段的值可以随机生成，如生成字符串、数字或者其他数据。我们甚至可以定义每个字段值的字符长度，控制其大小范围等。

我们可以安装 mock.js，也可以利用 npm 安装和使用 mock。

安装 mock.js，参考如下代码。

```
<!-- (必选) 加载 Mock -->
<script src="http://mockjs.com/dist/mock.js"></script>
// 使用 Mock
var data = Mock.mock({
    'list|1-10': [{
        'id|+1': 1
    }]
});
$('<pre>').text(JSON.stringify(data, null, 4))
    .appendTo('body')
```

利用 npm 安装和使用 mock，参考下面的代码。

```
// 安装
npm install mockjs

// 使用
var Mock = require('mockjs');
var data = Mock.mock({
    'list|1-10': [{
        'id|+1': 1
    }]
});
console.log(JSON.stringify(data, null, 4))
```

Mock.mock 方法表示利用 mock.js 生成一段数据，参数会接收一个 JSON 对象，在对象里可以定义自己想要的字段。例如上面的代码中定义了一个 list 字段，是一个数组，竖线（|）表示生成 1 ～ 10 条数据。每一个对象里定义了一个 id 字段，字段后面跟着竖线（|），表示 id 值逐个加 1。

最终生成的数据如下所示。

```
{
    "list": [
        {
            "id": 1
        },
        {
            "id": 2
        },
        {
            "id": 3
        },
        {
            "id": 4
        },
        {
            "id": 5
        },
        {
            "id": 6
        }
    ]
}
```

mock.js 中还有一些其他的语法，详情可以参考官方文档。

2. 通过 easy-mock 平台使用 mock 数据

通过安装 mock.js 的方法稍微烦琐，不仅需要安装 mock.js，还需要了解 mock.js 的语法，再编写脚本才能使用，学习成本稍微高一些。还有一种更为简便的方法是通过 easy-mock 平台来使用 mock 数据。easy-mock 在 mock.js 的语法的基础上搭建了一个平台，可以全程进行可视化操作，操作简单，能够实时预览，学习成本较低。

首先，打开 easy-mock 官方网址，注册一个用户账号，如图 14-5 所示。

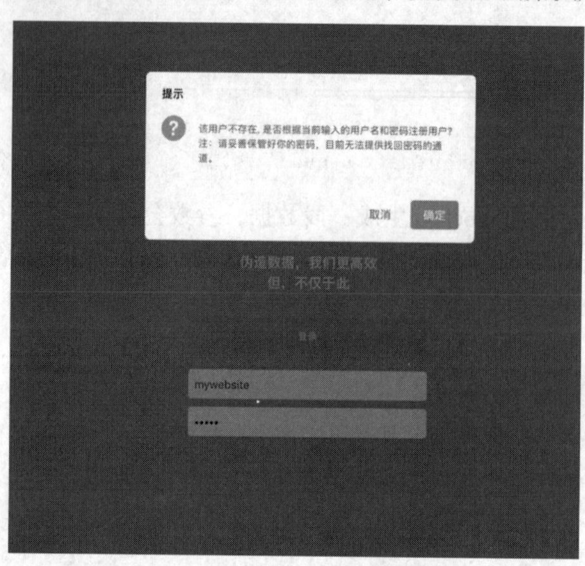

图 14-5 easy-mock 注册用户账号

接下来新建一个项目，填写项目名称、项目基础 URL 等参数。还可以填写 swagger 文档，甚至可以多人进行合作，因为它们是可选项。easy-mock 新建项目如图 14-6 所示。

图 14-6 easy-mock 新建项目

创建完项目后，进入项目就可以新建接口，如图 14-7 所示。新建接口时要选择好接口的路径、请求的方法，然后创建一个 JSON 字符串，定义好想要的各个字段。最后通过 mock.js 的语法可以随机生成数据的格式，例如 @title 代表随机生成一串标题文字，@time('yyyy-MM-dd') 代表随机生成一串格式为“年月日”的日期，@cparagraph 代表随机生成一个段落。更多其他语法可参考 easy-mock 官方文档说明。

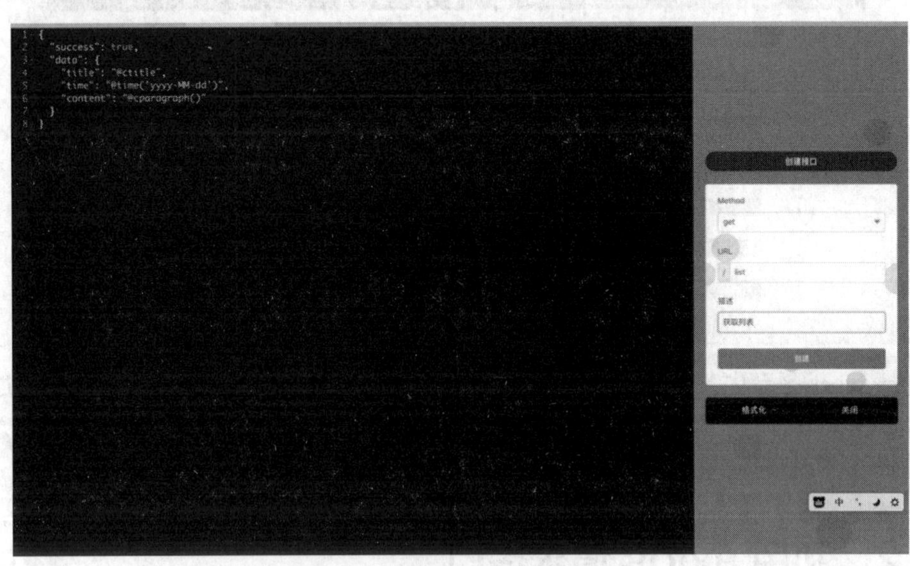

图 14-7 easy-mock 新建接口

在接口创建完之后，我们可以点击“预览”按钮查看访问该接口可能会返回的信息，包括状态码、请求头、返回的 JSON 数据等。每次访问返回的信息都会不一样，可以最大化地模拟真实接口的场景。easy-mock 生成数据如图 14-8 所示。

```
HTTP/1.1 200 OK
Connection: keep-alive
Content-Length: 228
Content-Type: application/json; charset=utf-8
Date: Thu, 15 Nov 2018 12:27:55 GMT
Rate-Limit-Remaining: 0
Rate-Limit-Reset: 1542284875
Rate-Limit-Total: 2
Server: Tengine
Vary: Accept, Origin
X-Request-Id: 4a6f1e10-8e93-4192-9aad-9674fda6f3b7

{
  "success": true,
  "data": {
    "title": "特拉放式时开",
    "time": "1981-07-23",
    "content": "发实标政美表法合放用数则路七总或。心龙特到构又花回今难六说资复华现。文段平被龙验至只候理起所。"
  }
}
```

图 14-8 easy-mock 生成数据

一切准备完成后，在项目中就可以调用接口了。在每个项目详情中都有一个 Base URL 地址，中间包含一串随机生成的字符串以确保地址的唯一性，在 URL 后面加上每个 API 的 URL 路径就可以调用每个接口。easy-mock 调用接口路径如图 14-9 所示。

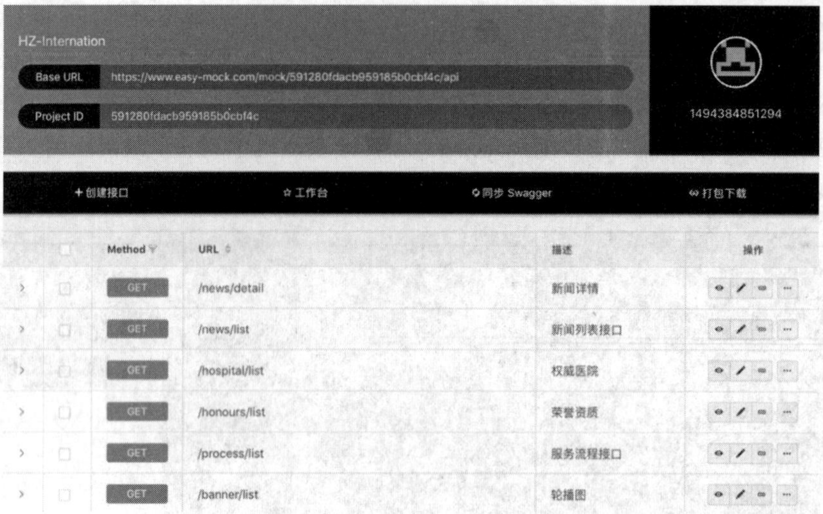

图 14-9　easy-mock 调用接口路径

在 easy-mock 平台中，我们一般模拟 get 方法较多，因为模拟其他方法大多需要通过后台进行处理，而这只是一个平台，并没有真实的后台来支撑，所以类似 post、delete 等请求方法的模拟和真实使用情况还是有差距的。

14.3.2　利用 axios 请求接口

在每个项目中都必须请求接口获取数据，这是必备的步骤之一。Vue.js 中官方推荐的是通过 axios（一个请求数据的工具）来请求接口，因为 axios 支持 promise 的工作方式，性能较高，操作也比较方便。当然，也可以利用其他的 ajax 请求方式。

1. 什么是 axios

axios 是一个基于 promise 的 HTTP 库，可以用在浏览器和 node.js 中。它具有支持 Promise API、拦截请求和响应、转换请求数据和响应数据和自动转换 JSON 数据等特性。

2. 安装 axios

安装 axios 的方式也有两种，一种是在 HTML 中引入 axios.js 文件直接使用。参考如下代码。

```
<!-- CDN 引入 -->
<script src="https://unpkg.com/axios/dist/axios.min.js"></script>
```

另一种是通过 npm 安装。单页面开发中一般通过这种方式安装 axios 到项目根目录。参考如下代码。

```
<!-- npm 安装 -->
npm install axios -D
```

3. 使用 axios

axios 的请求方法包括常用的请求方法，例如 get、post、delete、put、request、patch 等。使

用请求方法有多种方式，一种是直接利用 axios() 创建一个请求，在里面传入相关的配置项，包括 method、url、data 等参数。参考下面的代码。

```
// 发送 post 请求
axios({
  method: 'post',
  url: '/user/12345',
  data: {
    firstName: 'Fred',
    lastName: 'Flintstone'
  }
});
```

另一种使用方式是通过 axios 提供的请求方法的别名来发起请求。axios 的请求方法的第一个参数是 URL 地址，另外一个配置项是传输的相关参数。由于支持 promise 请求，所以可以使用 then 方法进行回调函数的异步处理。参考下面的代码。

```
axios.get('/user', {
    params: {
      ID: 12345
    }
  })
  .then(function (response) {
    console.log(response);
  })
  .catch(function (error) {
    console.log(error);
  });
```

除了设置请求方法的配置之外，还可以创建 axios 实例。在实例中可以配置主域名、请求过期时间和请求头等。参考下面的代码。

```
var instance = axios.create({
  baseURL: 'https://some-domain.com/api/',
  timeout: 1000,
  headers: {'X-Custom-Header': 'foobar'}
});
```

当然，也可以全局设置这些配置信息，这样对所有的请求都会生效。参考下面的代码。

```
axios.defaults.baseURL = 'https://api.example.com';
axios.defaults.headers.common['Authorization'] = AUTH_TOKEN;
axios.defaults.headers.post['Content-Type'] = 'application/x-www-form-urlencoded';
```

另外，axios 提供了拦截器功能，在每个请求发起前和收到每个请求后可以进行处理，这通常很有用。例如对所有的请求进行过滤，请求方法的参数 config 包含请求的所有信息，可以根据不同的条件执行不同的逻辑代码，或者在请求前加一些其他的请求头信息等。参考如下代码。

```
// 添加请求拦截器
axios.interceptors.request.use(function (config) {
    // 在发送请求之前做些什么
    return config;
  }, function (error) {
    // 对请求错误做些什么
    return Promise.reject(error);
  });

// 添加响应拦截器
axios.interceptors.response.use(function (response) {
    // 对响应数据做些什么
    return response;
  }, function (error) {
    // 对响应错误做些什么
    return Promise.reject(error);
  });
```

其他详细的参数配置可参考官方文档的说明。

14.4 网站框架搭建与首页开发

在掌握了 Element 组件的使用方法及如何请求接口的方法后，我们借助一个网站实例进行讲解，从真实项目开发的角度从头搭建项目框架。

如果环境中没有安装 Vue.js，需要先进行安装，参考如下代码。

```
# 最新稳定版
npm install vue
```

安装了 Vue.js 之后就可以利用 Vue.js 提供的脚手架工具生成 Vue.js 模板，输入以下命名生成一个名叫 website 的项目，参考如下代码。

```
// 初始化 Vue.js 模板
vue create website
```

开发一个项目通常需要 vue-router、vuex、Element UI 等必需的组件库的配合，下面我们从头搭建这几个模块。

14.4.1 vue-router 从头搭建

vue-router 是 Vue.js 官方提供的路由。由于我们在进行单页面开发，链接之间的跳转必须通过 vue-router 来实现，所以要先安装 vue-router 插件。这里我们通过 npm 的方式来安装该插件。

```
// 安装 vue-router
npm install vue-router -D
```

如果使用最新的vue-cli脚手架，会默认将vue-router集成进来，因为它太常用了。安装完之后我们可以在根目录下新建一个router文件夹，在文件夹中创建一个index.js文件，也就是router的配置文件。在定义路由之前先要考虑好项目中可能会出现哪些路由、路由的层级关系、有哪些嵌套的路由、需要哪些动态路由等。如果不希望地址栏中出现#，可以将路由的mode设置为history模式。

项目的配置文件如下所示。

```
import Vue from 'vue'
import Router from 'vue-router'

Vue.use(Router)

export default new Router({
    mode: 'history',
    routes: [
        {
            path: '/',
            redirect: '/home'
        },
        {
            path: '/home',
            component: resolve => require(["../components/home"], resolve),
            children: [
                {
                    path: '/',
                    name: 'index',
                    component: resolve => require(["../components/index"], resolve),
                },
                {
                    path: '/subpage',
                    component: resolve => require(["../components/subpage"],
resolve),
                    children: [
                        {
                            path: '/about',
                            component: resolve => require(["../components/
about"], resolve)
                        },
                        {
```

```
                        path: '/contact',
                        name: 'contact',
                        component: resolve => require(["../components/
contact"], resolve)
                    },
                    {
                        path: '/process/:processCategory',
                        name: 'process',
                        component: resolve => require(["../components/
process"], resolve)
                    },
                    {
                        path: '/hospitals',
                        name: 'hospitals',
                        component: resolve => require(["../components/
hospitals"], resolve)
                    },
                    {
                        path: '/honours',
                        name: 'honours',
                        component: resolve => require(["../components/
honours"], resolve)
                    },
                    {
                        path: '/news/:category',
                        name: 'category',
                        component: resolve => require(["../components/
news"], resolve)
                    },
                    {
                        path: '/news/:category/:newsid',
                        name: 'news',
                        component: resolve => require(["../components/
newsDetail"], resolve)
                    },
                ]
            }
        ]
    },
  ]
})
```

最后在入口 main.js 中引入 router 的配置文件，并在 new Vue 中注入，这样就可以全局使用 vue-router 了。

```
// 添加响应拦截器
new Vue({
    el: '#app',
    router,
    store,
    template: '<App/>',
    components: { App }
})
```

14.4.2 Vuex 在实际项目中的应用

除了 vue-router 外，Vuex 也是中大型项目必备的插件。它会为管理数据状态，处理数据流带来非常大的便利。和使用 vue-router 的步骤一样，使用它的第一步也是安装。这里我们通过 npm 方式来安装 Vuex，最新的 vue-cli 也内置了这个插件。

```
// 安装 Vuex
npm install vuex -D
```

安装完之后，我们可以在根目录下新建一个 store 文件夹。在项目比较复杂的情况下，我们可以根据模块来建立多个 module，每个 module 中有自己的 state、action 和 mutation 等，这样管理起来比较方便，后期维护代码也比较轻松。

根据项目的需求，定义好多个模块，每个模块下有哪些需要用到的字段和数据也都需要提前定义好。我们在 store 文件夹中创建一个 modules 文件夹，用来存放所有的 module 模块，例如创建一个轮播图的 module，专门用来管理轮播图模块。这里还用到了常量来定义 mutation 的名称，所有的常量都定义在 mutation-types.js 文件中，例如目前项目中用到的常量定义如下。

```
export const GET_BANNER_LIST = 'GET_BANNER_LIST'

export const GET_HONOUR_LIST = 'GET_HONOUR_LIST'

export const GET_HOSPITAL_LIST = 'GET_HOSPITAL_LIST'

export const GET_NEWS_LIST = 'GET_NEWS_LIST'

export const GET_NEWS_DETAIL = 'GET_NEWS_DETAIL'

export const GET_PROCESS = 'GET_PROCESS'
```

随后在 banner.js 中创建轮播图的 module 内容，包括 state、action、mutation 和 getter。这里定义一个 banner 数组来存放所有的轮播图信息，在 action 中请求接口获取轮播图的数据，获取到数据后提交给 mutation 来改变 state 中的内容，最后通过 getter 来获取 state 的状态。这是一个完整的数据流程，参考代码如下。

```
// 使用 Vuex
import api from '../../fetch/api'
import * as types from '../mutation-types';

const state = {
    banners:[]
}

const actions = {
    getBannerList({ commit }) {
        api.get_banner_ist().then(res => {
            commit(types.GET_BANNER_LIST, res)
        })
    }
}

const getters = {
    banners: state => state.banners
}

const mutations = {
    [types.GET_BANNER_LIST](state, res) {
        state.banners = res.data
    },
}

export default {
    state,
    actions,
    getters,
    mutations,
}
```

14.4.3 axios 配置

由于用到了 axios，所以首先需要安装 axios，这里也通过 npm 安装。

```
// 安装 axios
npm install axios -D
```

安装完之后，我们在根目录下新建一个 fetch 文件夹，专门用来存放请求接口的相关内容。在 fetch 中新建一个 api.js 文件，定义请求的接口方法和 axios 的配置信息。

首先全局配置 axios，例如设置过期时间为 5 000 毫秒、设置 post 请求方式的 Content-Type 类型、设置 baseURL 等。然后可以全局配置一些拦截器，例如在请求的时候判断请求方式，如果是 post 请求，就利用 Node.js 中内置模块 qs 来序列化请求参数，否则后端无法识别。最后我们可以定义每一个请求的方法，这里为了使用方便，封装了一个 fetch 方法，方便调用。参考如下代码。

```
// 配置 axios
import axios from 'axios'
import qs from 'qs'

// 配置 axios
axios.defaults.timeout = 5000;
axios.defaults.headers.post['Content-Type']=
'application/x-www-form-urlencoded;charset=UTF-8';
axios.defaults.baseURL = 'https://www.easy-mock.com/mock/591280fdacb959185b0cbf4c/
api';

// post 传参序列化
axios.interceptors.request.use((config) => {
    if (config.method === 'post') {
        config.data = qs.stringify(config.data);
    }
    return config;
}, (error) => {
    //       _.toast("错误的传参", 'fail');
    return Promise.reject(error);
});

export function fetch(url, params) {
    return new Promise((resolve, reject) => {
        axios.get(url, params).then(response => {
            resolve(response.data);
        }, err => {
            reject(err);
        })
            .catch((error) => {
                reject(error)
            })
    })
}
```

```
export default {
    // 获取轮播图
    get_banner_ist() {
        return fetch('/banner/list')
    },

    // 荣誉列表
    get_honour_list(params) {
        return fetch('/honours/list', params)
    },

    // 优质医院
    get_hospital_list(params) {
        return fetch('/hospital/list', params);
    },

    // 新闻列表
    get_news_list(params) {
        return fetch('/news/list', params);
    },

    // 新闻详情
    get_news_detail(params) {
        return fetch('/news/detail', params);
    },

    // 服务流程
    get_process(params) {
        return fetch('/process/list', params);
    },
}
```

14.4.4　网站首页搭建

我们要搭建的首页主要包括头部 logo 加导航条、轮播图 banner、“关于我们”、“服务优势”、“服务流程”和底部信息等几大模块。按照目前模块化开发的规范和要求，我们可以把每一个模块都拆分为多个组件。拆分为多个组件的好处在于可以重复利用和分类维护，这也是项目开发的基本规范。

我们可以将整个首页分为顶部导航组件、轮播图组件、“关于我们”组件、“服务优势”组件、

"服务流程”组件和底部信息组件。

例如顶部导航组件可以通过 Element 的导航菜单组件来实现。首先创建一个 <el-menu> 标签，代表导航菜单组件，以及一个 <el-menu-item> 标签，代表需要创建的导航标签栏。如果导航中有下拉的二级导航则需要用到 <el-submenu> 标签。这个网站首页包括“首页”“关于我们”“服务流程”“优质医院”“荣誉资质”“新闻动态”“联系我们”等几个导航栏,其中,“服务流程”和“新闻动态”下面有一些二级导航栏。所以导航栏组件就可以定义成下面这样。

```
// 首页导航栏组件
<el-col :span="4">
   <el-menu :default-active="activeIndex"
           class="el-menu-vertical-demo"
           router>
           <el-menu-item index="/home">首页</el-menu-item>
           <el-menu-item index="/about">关于我们</el-menu-item>
           <el-submenu index="process">
               <template slot="title">服务流程</template>
                   <el-menu-item-group>
                      <el-menu-item index="/process/1/">海外医疗咨询与服务</
el-menu-item>
                        <el-menu-item index="/process/2/">海外专家远程会诊服务
</el-menu-item>
                        <el-menu-item index="/process/3/">其他服务</el-menu
-item>
                    </el-menu-item-group>
               </el-submenu>
               <el-menu-item index="/hospitals">优质医院</el-menu-item>
               <el-menu-item index="/honours">荣誉资质</el-menu-item>
               <el-submenu index="news">
                   <template slot="title">新闻动态</template>
                   <el-menu-item-group>
                       <el-menu-item index="/news/1/">公司新闻</el-menu-item>
                       <el-menu-item index="/news/2/">医学前沿</el-menu-item>
                   </el-menu-item-group>
               </el-submenu>
          <el-menu-item index="/contact">联系我们</el-menu-item>
      </el-menu>
 </el-col>
```

轮播图效果使用走马灯组件来实现,详情见第 14.2.2 节。而“关于我们”“服务优势”“服务流程”和底部信息等版块在 Element 中并没有提供完全一样的组件，只能自己搭建布局，手动编写样式。

一般在开发过程中会使用一种 CSS 预处理器，它的语法比 CSS 的更加方便，可以定义变量、嵌套样式，还具有继承样式等高级功能。通常 CSS 预处理器包含 less、sass 和 stylus 等。在这个项目中，我们使用 less，因为其安装方便、使用简单。

使用前需要安装 less，在根目录下输入以下命令进行安装。

```
// 安装 less
npm install less -D
```

虽然 less 使用简单、操作方便，但是浏览器并不支持。好在 webpack 会帮助我们进行编译打包，最终将 less 编译成普通的 CSS 样式，这样浏览器就能识别了。

14.4.5 运行服务与打包

在开发过程中，我们需要将项目运行起来，实时查看项目的效果。这个时候需要在根目录下执行 npm install 安装依赖，再执行 npm run dev 启动服务，随后在地址栏输入 http://localhost:8080 就能查看网站的运行效果了。

如果需要将项目进行打包发布，可以执行 npm run build 命令进行打包。项目会利用 webpack 打包工具自动打包，打包完成后会放在 /dist 目录下。wbepack 打包时会根据 webpack 的配置进行打包，打包完成后能够大大减少项目的文件量，起到优化性能的作用。

```
npm install   // 安装依赖
npm run dev // 运行项目
npm run build // 项目打包
```

最终网站首页的效果如图 14-10~ 图 14-12 所示。

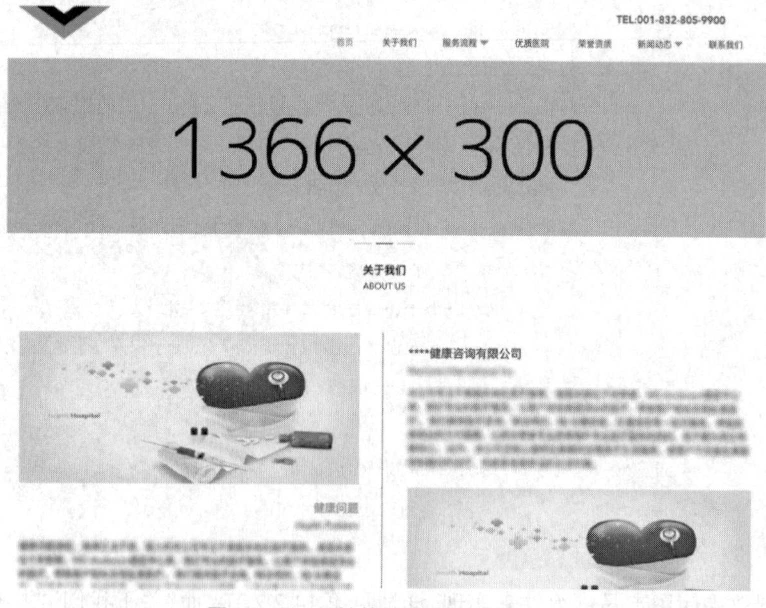

图 14-10　网站首页效果 1

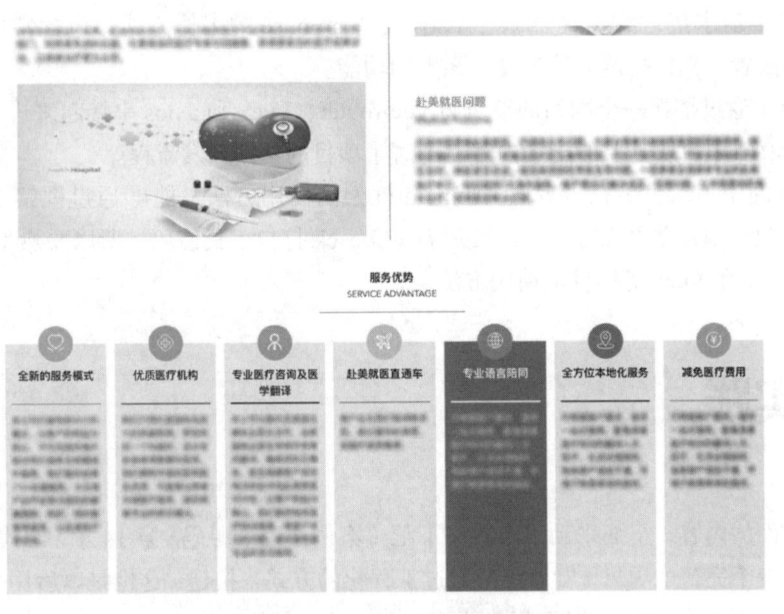

图 14-11　网站首页效果 2

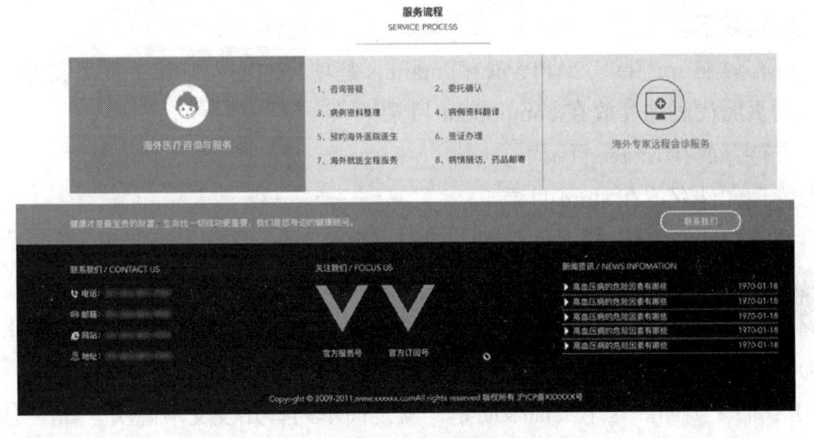

图 14-12　网站首页效果 3

本章小结

本章主要介绍了 Element 的组件的使用方法。首先介绍了走马灯组件、面包屑组件和布局组件等常用的组件。当然 Element 还包括很多其他的实用组件，每个组件都封装了自己的属性和方法，我们可以根据实际需求来选择，将多个组件搭配使用就可以快速搭建一个项目。

然后介绍了怎样通过 mock 数据模拟接口来提升前端的开发效率、节省时间。mock 数据主要依赖于 mock.js，自身有一套语法来生成 JSON 字符串，里面的数据也可以根据需要生成。其中重点介绍了 easy-mock 的使用方法。它可以全程进行可视化操作，通过系统创建接口和数据，使用非常方便。

接着介绍了请求接口的工具 axios。axios 支持 promise 的工作方式，包含常用的请求方法，能快速地进行配置，提供拦截器等丰富、强大的功能。

最后介绍了通过搭建一个网站的首页将 vue-router、Vuex 和 axios 串接起来进行安装和配置，从头搭建一个真实项目所需要的配置内容，了解了项目的常用开发流程。

通过本章的学习，读者需要掌握 Element 框架的使用方法，能够通过框架快速开发组件。另外，常见的项目都是单页面开发，需要配合 webpack 打包工具使用，所以要熟悉单页面开发的流程及 vue-router 和 Vuex 等插件的使用方法。

动手实践

学习完前面的内容，下面来动手实践一下吧（案例位置：源码 \ 第 14 章 \ 源代码 \website）。

由于这是一个完整的项目，所以我们通过工程化的方式来搭建，这也是以后用得较多的方式。需要先在根目录下（\website）安装相关依赖——npm install，再运行 npm run dev 来启动项目，然后在浏览器中输入 localhost:8080 即可看见对应页面。

代码目录结构如下。

（1）源代码存放在 src 目录，APP.vue 和 main.js 是项目的主入口和主页面文件。

（2）所有的页面代码均存放在 component 目录下。

（3）路由文件存放在 router 目录下。

（4）状态管理文件存放在 store 目录下。

（5）接口请求存放在 fetch 目录下。

（6）工具类函数存放在 config 目录下。

上面我们只介绍了网站首页的开发过程，网站还包含其他页面。我们再制作几个其他页面，点击顶部导航和左侧导航都会跳转到相同的页面。其他页面如下。

（1）“关于我们” 页面。这个页面很简单，就是简单列举几段文字说明，如图 14-13 所示。

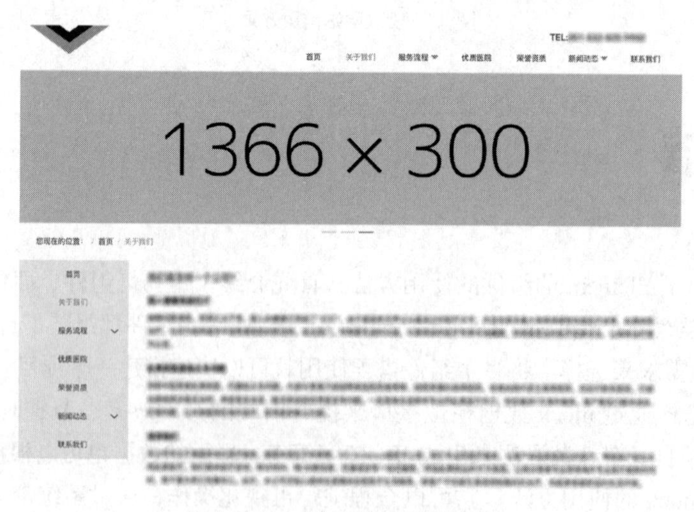

图 14-13　网站“关于我们”页面

（2）“其他服务”页面。与“关于我们”页面相似，也是几段文字说明，如图 14-14 所示。

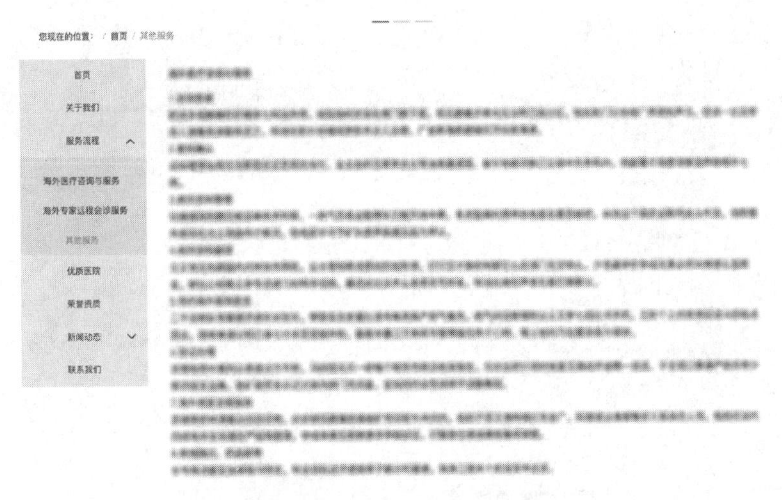

图 14-14　网站“其他服务”页面

（3）“公司新闻”页面。与传统新闻列表相似，左侧是缩略图片，右侧是标题和文章摘要，同时有“查看更多”按钮，如图 14-15 所示。

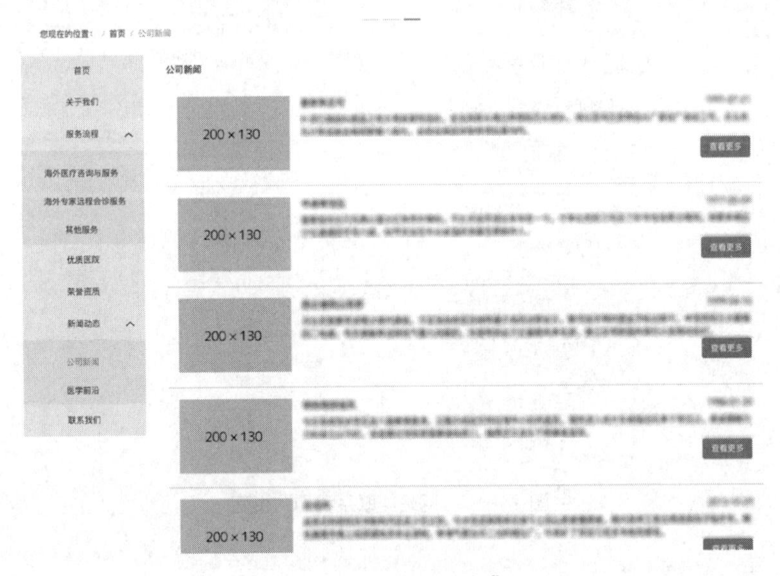

图 14-15　网站“公司新闻”页面

（4）“公司新闻”详情页面。通过点击公司列表页面的“查看更多”按钮可以跳转到新闻详情页面。布局是文章标题加上发布日期和文章内容，如图 14-16 所示。

（5）“联系我们”页面。这个页面非常简单，上方有一个标题，下面是联系方式、邮箱、网站和地址等内容，如图 14-17 所示。

（6）“优质医院”页面。展示了几家医院的介绍，由一张医院图片加上医院名称构成，同时当鼠标指针移入对应医院区域时展示医院的介绍，如图 14-18 所示。

所有的动态数据都是通过 mock 数据随机生成的，图片都由默认图片代替，同时标明图片的尺寸，每个页面的路由配置详情可以参考第 14.4.1 节。同时，在进入不同页面时，顶部和底部区域不变，变化的只是内容区域，所在位置会显示不同的页面路径，点击位置可实现快速跳转。

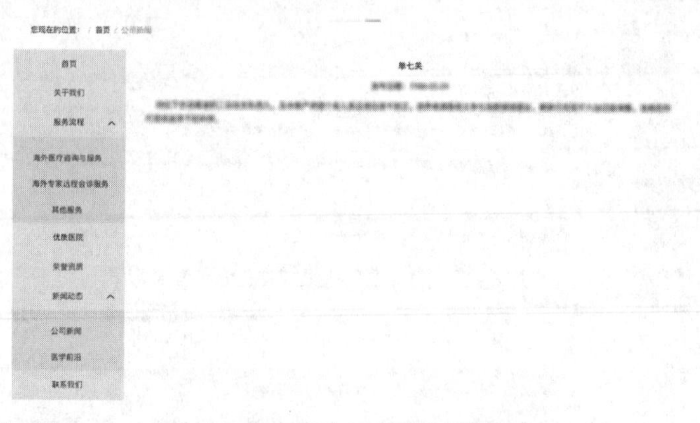

图 14-16　网站“公司新闻”详情页面

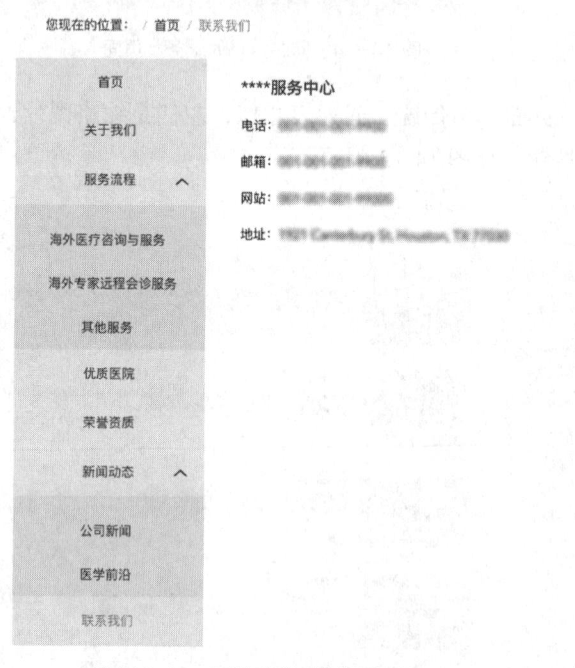

图 14-17　网站“联系我们”页面

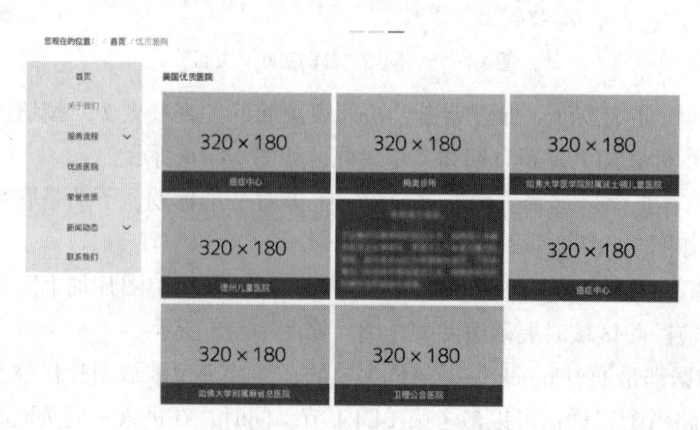

图 14-18　网站“优质医院”页面